高等职业教育精品教材

AutoCAD
工程制图

AutoCAD GONGCHENG ZHITU

主编 戴珊珊 闫照粉

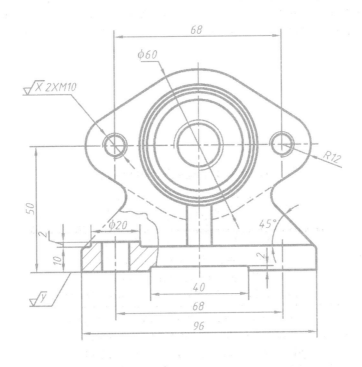

苏州大学出版社
Soochow University Press

图书在版编目(CIP)数据

AutoCAD 工程制图:2020 版/戴珊珊,闫照粉主编. —苏州:苏州大学出版社,2022.8
ISBN 978-7-5672-3827-5

Ⅰ.①A… Ⅱ.①戴… ②闫… Ⅲ.①工程制图-AutoCAD 软件-高等职业教育-教材 Ⅳ.①TB237

中国版本图书馆 CIP 数据核字(2022)第 133526 号

内容提要

AutoCAD 是由美国 Autodesk 公司开发并不断更新升级的通用计算机辅助设计软件包。本教材利用该软件包的 AutoCAD 2020 版本,从绘制机械与电气工程图样的实际出发,并结合高等职业技术教育的特点编写而成,内容全面,重点突出。主要内容包括:AutoCAD 绘图入门,常用实体绘图命令,精确绘图辅助工具,图形编辑命令,图层与对象特性,文本与尺寸标注,剖面线与材料图例的绘制,块、属性与外部参照的应用,机械与电气工程图样绘制举例,图形输出,图形数据的查询与共享,以及三维实体造型。全书语言通俗易懂,内容由浅入深,循序渐进,且每一章的最后还配备了丰富的上机训练习题,给教材配套提供了大量教学与训练素材,为教师的教与学生的学创造了便利条件。本教材可作为高职高专机械、电气、电子与信息工程类等专业本课程教学的教材选用,也可作为设计等单位工程技术人员学习 AutoCAD 软件绘制工程图样的参考书。

AutoCAD 工程制图(2020 版)
戴珊珊　闫照粉　主编
责任编辑　征　慧

苏 州 大 学 出 版 社 出 版 发 行
(地址:苏州市十梓街1号　邮编:215006)
宜兴市盛世文化印刷有限公司印装
(地址:宜兴市万石镇南漕河滨路58号　邮编:214217)

开本 787 mm×1 092 mm　1/16　印张 15　字数 347 千
2022 年 8 月第 1 版　2022 年 8 月第 1 次印刷
ISBN 978-7-5672-3827-5　定价:42.00 元

图书若有印装错误,本社负责调换
苏州大学出版社营销部　电话:0512-67481020
苏州大学出版社网址　http://www.sudapress.com
苏州大学出版社邮箱　sdcbs@suda.edu.cn

《AutoCAD 工程制图（2020 版）》

编委会

主　审：安淑女　张　强
主　编：戴珊珊　闫照粉
副主编：鹿　毅　于　泓　吴剑红　刘永强
　　　　代昌浩
编　委：陈　芳　王　前　王　健　罗　霁
　　　　陈思聪　吴　波　张海燕　肖根先
　　　　梅怀明　周　琦

前　言

AutoCAD 是一种交互性很强的通用计算机辅助设计软件包，其功能强大，内容丰富。对于手册型的 AutoCAD 丛书，由于内容安排上面面俱到，命令与功能的介绍上往往缺少针对性，常常使初学者学而不知其用，学习兴趣不浓，学习效率不高。在本教材的编写过程中，作者以任务驱动为导向，从绘制工程图样的实际出发，强调教师在教学过程中的绘图演示，突出学生在学习过程中的绘图训练。在教材内容的安排上，从 AutoCAD 绘图入门，到软件包的基本功能与常用命令，最后归结为各类工程图样的绘制示例，整个教材自始至终围绕着如何使用 AutoCAD 软件包绘制工程图样这条主线，理论与实践密切结合。编者为每一章内容都设计了丰富的上机训练题，给教材提供了大量的配套教学与实训素材，为教师的教与学生的学创造了便利条件。

参加本教材编写的教师都有多年高职院校工程制图与 AutoCAD 课程教学的经验。在教材编写过程中，既注意分析软件包与工程图样的关系，又注意研究高等职业技术教育的特点，贯彻以"够用为度"的原则，力求内容全面而又重点突出，尽力做到语言通俗易懂，内容描述由浅入深、循序渐进。

本教材由戴珊珊、闫照粉任主编，鹿毅、于泓、吴剑红、刘永强、代昌浩任副主编，由安淑女、张强主审。参加本教材编写工作的人员还有王健、张海燕、吴波、肖根先、陈思聪、王前、罗霁、周琦、陈芳、梅怀明等。

本教材中涉及的 AutoCAD 配套教学与实训素材可登录江苏建筑职业技术学院网站（网址 www.jsviat.edu.cn），在"智能制造学院"的"教学研究"下的"教学下载"网页中下载。

由于编者水平有限，书中难免有疏漏与不妥之处，敬请读者批评指正。

编　者
2022 年 5 月

目 录

第一章　AutoCAD 绘图入门	1
第一节　AutoCAD 2020 的启动与界面	1
第二节　命令的使用与数据输入	6
第三节　视窗的缩放与平移	8
第四节　文件操作	10
第五节　绘图入门	12
实训一　AutoCAD 2020 界面熟悉与绘图入门练习	19
第二章　常用实体绘图命令	21
第一节　点（POINT）的绘制命令	22
第二节　直线（LINE）的绘制命令	24
第三节　圆（CIRCLE）的绘制命令	25
第四节　圆弧（ARC）的绘制命令	26
第五节　椭圆、椭圆弧（ELLIPSE）的绘制命令	28
第六节　矩形（RECTANG）的绘制命令	30
第七节　正多边形（POLYGON）的绘制命令	32
第八节　样条曲线（SPLINE）的绘制命令	33
第九节　多段线（PLINE）的绘制命令	34
第十节　构造线（XLINE）的绘制命令	36
实训二　实体绘图命令与简单图形练习	36
第三章　精确绘图辅助工具	39
第一节　捕捉模式和栅格显示	39
第二节　正交模式和极轴追踪	42
第三节　对象捕捉	45
第四节　对象捕捉追踪	49
实训三　绘图辅助工具与简单形体三视图绘制练习	51
第四章　图形编辑命令	54
第一节　编辑对象的选择方式	54
第二节　"删除"、"打断"与"合并"命令	56
第三节　"偏移"与"镜像"命令	59
第四节　"修剪"与"延伸"命令	60
第五节　"圆角"与"倒角"命令	63
第六节　"复制"与"阵列"命令	65

第七节	"移动"与"旋转"命令	69
第八节	"缩放"与"拉伸"命令	71
第九节	"分解"命令	73
第十节	夹点编辑	73
第十一节	平面图形绘制举例	74
实训四	编辑命令与平面图形绘制练习	76

第五章 图层与对象特性 84

第一节	对象的颜色、线型与线宽的设置	84
第二节	图层的使用	87
第三节	对象特性的匹配	91
实训五	图层、对象特性设置与三视图绘制练习	92

第六章 文本与尺寸标注 95

第一节	文字样式的创建	95
第二节	文本的标注	96
第三节	编辑文本	99
第四节	尺寸标注样式的创建	99
第五节	尺寸标注的形式	107
第六节	尺寸对象的编辑	116
实训六	文本与尺寸标注练习	117

第七章 剖面线与材料图例的绘制 120

第一节	图案填充命令	120
第二节	剖面线与材料图例绘制举例	123
第三节	图案填充的编辑	124
实训七	图案填充与剖视(断面)图绘制练习	125

第八章 块、属性与外部参照的应用 129

第一节	块的创建与插入	129
第二节	属性的应用	134
第三节	外部参照的使用	138
实训八	块、属性与工程图符号标注练习	141

第九章 机械与电气工程图绘制举例 144

第一节	用户样板图的创建与使用	144
第二节	零件图绘制举例	146
第三节	由零件图拼画装配图举例	151
第四节	电气工程图绘制举例	155
实训九	工程图绘制综合练习	158

第十章 图形输出 168

第一节	打印设置	168
第二节	模型空间与图纸空间	173
第三节	布局的使用	174
第四节	打印图形	176

实训十　图形输出练习 178

第十一章　图形数据的查询与共享 180
　　第一节　图形数据的查询 180
　　第二节　使用 Windows 的剪切、复制与粘贴功能 184
　　第三节　AutoCAD 设计中心 184
　　实训十一　图形数据的查询与共享练习 190

第十二章　三维实体造型 192
　　第一节　三维建模基础知识 192
　　第二节　生成三维实体的基本方法 198
　　第三节　复杂三维实体的创建与编辑 207
　　实训十二　三维实体的创建练习 223

附录　AutoCAD 2020 常用命令 226
参考文献 230

第一章

AutoCAD 绘图入门

 主要学习目标

- ◆ 熟悉 AutoCAD 2020 的绘图界面,掌握命令的基本使用方法和数据的输入方法。
- ◆ 掌握绘图视窗的缩放与平移功能的基本使用方法。
- ◆ 掌握图形文件的新建、保存、打开与关闭操作技术。
- ◆ 通过简单平面图形的绘制练习,熟悉使用 AutoCAD 2020 绘制图样的大致过程。

AutoCAD 是由美国 Autodesk 公司开发的供工程技术人员使用的一种开放式交互绘图设计软件。它自 1982 年推出 1.0 以来一直深受广大工程技术人员的喜爱,经过 40 年的不断完善,已成为一体化、功能强大、面向未来的先进设计软件。本教材介绍的 AutoCAD 2020 版本的软件,不但使设计绘图的过程变得更加方便、快捷,也使我们学习软件使用的过程变得更加容易。

第一节　AutoCAD 2020 的启动与界面

一、AutoCAD 2020 的启动

要用 AutoCAD 2020 绘图,首先必须打开它。通常启动 AutoCAD 2020 的方法有如下三种:

- ◆ 在桌面上建立 AutoCAD 2020 的快捷方式,然后双击该快捷方式图标 。
- ◆ 从 Windows 的"开始"菜单中选择"所有程序"子菜单中的"AutoCAD 2020"项。
- ◆ 在 Windows 资源管理器窗口中双击 AutoCAD 2020 的图形文件。

二、AutoCAD 2020 的界面

启动 AutoCAD 2020 之后,可以选择新建或打开已有的图形文件,将出现如图 1-1 所示的 AutoCAD 2020 的绘图界面(草图与注释),这就是 AutoCAD 2020 为用户提供的初始绘图

环境。

图1-1　AutoCAD 2020 的绘图界面(草图与注释)

1. 快速访问工具栏、标题栏

在屏幕的顶部前端显示的是 AutoCAD"快速访问工具栏",它包含了 AutoCAD 最常用的几个命令,如新建、打开、保存、打印等。在屏幕的顶部中间显示的内容"Autodesk AutoCAD 2020-×××.dwg"称为标题栏,"×××.dwg"是当前打开的文件名,对于新建的图形文件,则显示"Drawing$n$.dwg"(n 为自然数)。

2. 菜单栏

初始安装的 AutoCAD 2020 菜单栏可能被隐藏起来,我们可以单击"快速访问工具栏"后面的 按钮,打开"自定义快速访问工具栏",从中选择"显示菜单栏"。菜单栏位于 AutoCAD 界面的第二行,它提供了 AutoCAD 所有的菜单,我们只要单击任一主菜单,便可以显示它的一系列的子菜单。AutoCAD 2020 的菜单接近 Windows 系统的风格,但在菜单项上有其自己的特点与内容。

3. 功能区

功能区是 AutoCAD 的重要操作面板,位于菜单栏的下面,显示直观,操作方便。选择不同的 AutoCAD 2020 工作空间,功能区所显示的命令面板是不同的。

4. 工具栏

工具栏是 AutoCAD 的重要操作按钮,它几乎包含了 AutoCAD 中所有的命令。AutoCAD 2020 的工具栏非常接近 Windows 系统风格,显示直观,使用方便。

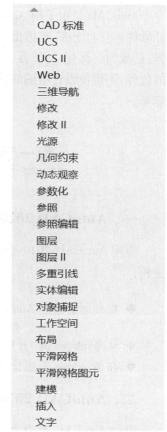

图1-2　工具栏快捷菜单

初始安装的 AutoCAD 2020 工具栏是不显示的，我们可以通过单击菜单栏的"工具（T）"选项，在弹出的菜单中选择 AutoCAD"工具栏"命令，打开工具栏快捷菜单，可以根据需要从中选择要打开的工具栏，如"CAD 标准""修改""图层""工作空间"等，如图 1-2 所示。

5. 视图窗口

AutoCAD 2020 界面上最大的区域是绘图区，亦称视图窗口。它是我们绘图时用于观察图形的地方。移动鼠标可以看到有十字光标在绘图区移动，绘图区左下角显示坐标系图标。

在视图窗口左下角是"模型"与"布局"按钮，即图纸空间与模型空间的切换按钮。单击鼠标左键，可方便地在图纸空间与模型空间之间切换。

6. 命令行与文本窗口

在视图窗口的下面是命令行。命令行显示我们从键盘上输入的命令与 AutoCAD 对用户的提示信息。在绘图时，我们一定要注意命令行的各种提示，以便准确快捷地绘图。

文本窗口是记录 AutoCAD 命令与信息的窗口，它记录了 AutoCAD 已执行的命令与提示信息的全部内容，文本窗口与绘图窗口之间的切换可以通过【F2】功能键进行。

7. 状态栏、工作空间

AutoCAD 2020 界面的底部右侧是状态栏，显示 AutoCAD 2020 绘图辅助工具的开关切换按钮。用鼠标单击这些按钮，可实现这些辅助工具"ON"与"OFF"状态间的切换。

单击状态栏右侧的 按钮，显示 AutoCAD 2020 的工作空间，如图 1-3 所示，有"草图与注释""三维基础""三维建模"等选项。

图 1-3 AutoCAD 2020 的工作空间

三、AutoCAD 2020 工作空间的创建与修改

AutoCAD 2020 允许用户创建自己的工作空间，也可以修改默认的工作空间。

1. 创建工作空间

创建工作空间即是将 AutoCAD 2020 某工作空间的界面设置修改后保存为新的工作空间。操作方法是，单击状态栏中的"切换工作空间"按钮 ，如图 1-3 所示，在下拉菜单中选择"将当前工作空间另存为"选项来创建新工作空间。

2. 修改工作空间

如果要对 AutoCAD 2020 进行更多的更改，可选择图 1-3 中的"自定义"选项，打开"自定义用户界面"对话框，如图 1-4 所示，从中进行界面设置，然后选择图 1-3 中的"将当前工作空间另存为"选项保存所做的设置。

图1-4 "自定义用户界面"对话框

3. 创建"AutoCAD 经典"工作空间

AutoCAD 2020 没有提供"AutoCAD 经典"工作空间,有时老用户可能更喜欢"AutoCAD 经典"工作空间。创建"AutoCAD 经典"工作空间步骤如下:

（1）显示菜单栏

单击"自定义快速访问工具栏"中的按钮 ▼ ,在下拉菜单中选择"显示菜单栏",如图1-5所示。

（2）隐藏/显示功能区

通过执行"工具"→"选项板"→"功能区"→"关闭功能区"（或"打开功能区"）命令可隐藏/显示功能区。

（3）调出工具栏

执行"工具"→"工具栏"→"AutoCAD"命令,在下拉菜单中可以通过勾选"标准""样式""图层""特性""修改"等来调出相应的工具栏,如图1-6所示。

（4）保存当前工作空间为"AutoCAD 经典"

单击状态栏中的"切换工作空间"按钮 ⚙ ▼ ,在下拉菜单中选择"将当前工作空间另存为",在弹出的"保存工作空间"对话框中输入"AutoCAD 经典",然后单击"保存"按钮,如图1-7所示。

图 1-5 自定义快速访问工具栏

图 1-6 调出工具栏

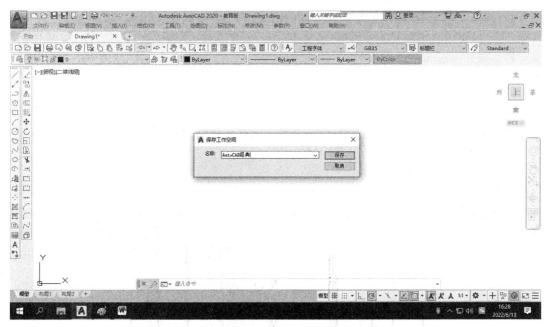

图 1-7 保存"AutoCAD 经典"工作空间

第二节　命令的使用与数据输入

AutoCAD 是一种交互式绘图软件包，我们要用 AutoCAD 绘图，就必须按照 AutoCAD 的命令格式输入绘图与编辑命令，并按命令行的信息提示进行选项操作与数据输入，才能完成一定的绘图工作。

一、命令的使用

1. 命令的调用

AutoCAD 有多种命令输入方式。

（1）由键盘输入

当命令行窗口提示为"命令："状态时，可由键盘输入命令的全名或快捷名（常用命令的快捷名见附录），然后按回车键，即可输入命令。例如，我们要输入绘制直线的命令，可在"命令："状态时从键盘输入"LINE"或"L"。

（2）利用菜单调用

用鼠标单击菜单栏的某菜单项，可打开相应的下拉菜单，单击所选命令即可。例如，我们要选择绘制直线的命令，可选择 ╱ 直线(L) 命令。

（3）利用工具栏中的按钮调用

用鼠标单击工具栏中的调用按钮图标，即可输入指定命令。

（4）选择重复命令调用

在"命令："提示下，按回车或空格键，将重复执行上一条命令。另外，还可以右击绘图区的任一处，在弹出的快捷菜单中选择"重复×××(R)"命令，即重复执行上一条命令。

2. 命令选项操作

多数命令输入后都将显示命令提示，下面以画圆（Circle）命令为例来说明选项操作。

命令：_circle 指定圆的圆心或[三点(3P)/两点(2P)/切点、切点、半径(T)]：

　　（若指定一点）

指定圆的半径或[直径(D)] <60.0000>：

对上述命令提示说明如下：

① 提示行的"指定圆的圆心"为默认项，可直接回答。此时输入的点即为圆的圆心。

② 提示行中方括号"[ ]"内用"/"分隔的项为可选项，使用这些项时应输入选项后圆括号"( )"内的字符。如果要使用三点方式画圆，则要在提示行后用键盘输入"3P"。

③ 提示行中尖括号"< >"中的内容表示选项的当前值，若使用该当前值，直接按回车键即可。以上提示行中 <60.0000> 表示圆的默认半径为60。

二、命令的中断

在与命令的对话过程中，若要中止命令的执行，可随时按键盘上的【ESC】键，命令行将重新回到"命令："提示状态；也可以单击工具栏中的某按钮或选择下拉菜单的某命令，在中断上一未执行完的命令后输入新的命令。但有的命令使用后一种中断方式不能中断。

三、命令的取消与恢复

1. 取消命令

按顺序取消已经执行过的命令,通常是从标准工具栏中单击取消命令的工具栏图标 ;也可以在命令行的"命令:"状态下输入取消命令的全名(UNDO)或别名(U)。

2. 恢复被取消的命令

要恢复被取消的命令,通常是从标准工具栏中单击恢复命令的工具栏图标 ;也可以在命令行的"命令:"状态下输入恢复命令的全名(REDO),但该命令只能恢复刚刚取消的命令。

四、数据的输入

在使用 AutoCAD 绘图时,可以按物体的真实尺寸作图,在打印输出时使用布局,再设置绘图比例,这样就避免了作图过程中的比例换算。数据的输入主要是点与数值的输入。

1. 点的输入方法

(1) 用鼠标在屏幕上拾取点

在命令行出现点的提示时,移动鼠标,将光标移动到所需位置,然后单击鼠标左键,即可完成点的输入。为了精确地输入点的坐标,我们可将鼠标定点与状态行中的捕捉、极轴、正交等结合起来,这些内容将在后面的章节中加以介绍。

(2) 捕捉对象上的特征点

利用状态行中的对象捕捉与对象追踪工具,移动鼠标并单击可以精确地捕捉所选对象上的几何特征点,如直线的中点、端点、垂足、圆的圆心、象限点、对象间的交点等。

(3) 从键盘上输入点的坐标

① 绝对坐标。顺序输入以逗号间隔的点的 X,Y,Z 坐标值(绘制二维图形时只输入 X,Y 坐标),如绘制圆时,如果圆心的坐标为(100,120),则输入格式如下:

命令:_circle 指定圆的圆心或 [三点(3P)/两点(2P)/相切、相切、半径(T)/]:100,120 ↙

② 相对坐标。相对坐标的前导为@符号,指相对于前一点的坐标。例如,(@100,0)代表相对前一点水平向右 100 个图形单位;(@0,150)代表相对前一点竖直向上 150 个图形单位。

③ 相对极坐标。AutoCAD 2020 使用相对极坐标绘图将更为方便,其坐标形式为 @L<A,其中,"L"代表相对于前一点的距离,"<"为角度符号,"A"是两点连线的角度值。例如,绘制直线时下一点的坐标为(@100<60),则画出长度为 100 个图形单位的 60°方向的直线。

2. 数值的输入方法

当 AutoCAD 出现半径、直径、距离等数值提示时,我们需要按照 AutoCAD 所能接受的方式正确地输入这些数据,才能使绘图工作得以进行。

(1) 从键盘输入

按下键盘上的数字键输入数值,并按回车键。

(2) 以两点之间的距离确定

以输入点的各种方式确定两点。当系统提示需要输入数值时,如用鼠标左键在绘图区输入两点,AutoCAD 将自动计算两点间的距离并作为绘图所需数据。

第三节　视窗的缩放与平移

在图形的绘制与编辑修改过程中,图形位于视窗中,我们通过视窗对图形的各个细节进行观察,与计算机进行对话操作。但由于视窗的面积有限,而我们绘制的图形往往比较复杂,为了方便图形的编辑操作,AutoCAD 设计了方便快捷的图形缩放与平移功能。

一、视窗的缩放

在绘图过程中,为了方便地进行对象选择、对象捕捉,准确地绘制实体,常常需要将当前视窗中的图形放大或缩小显示。此时应注意这种放大与缩小只是显示比例的改变,对象的实际尺寸是保持不变的。这些就是 AutoCAD 中缩放(ZOOM)命令的功能。

启动缩放命令的方法有如下三种。

- ◆ 键盘输入:ZOOM 或 Z。
- ◆ "视图"(View)菜单:单击"视图"菜单中的"缩放"子菜单(图 1-8)中的相关命令。
- ◆ "缩放"(ZOOM)工具栏:单击"缩放"工具栏(图 1-9)中的"缩放"图标。

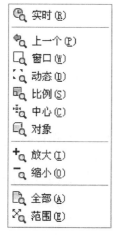

图 1-8　"缩放"子菜单

图 1-9　"缩放"工具栏

用前两种方法输入命令后,AutoCAD 会提示:

指定窗口的角点,输入比例因子(nX 或 nXP),或者[全部(A)/中心(C)/动态(D)/范围(E)/上一个(P)/比例(S)/窗口(W)/对象(O)]<实时>:

该提示行中各选项的含义如表 1-1 所示。

表 1-1　"缩放"(ZOOM)命令中各选项的含义

选　项	含　义
全部(A)	在当前视窗中显示整张图形
中心(C)	以新建立的中心点缩放图形
动态(D)	动态缩放图形
范围(E)	尽可能大地显示整个图形

续表

选　项	含　义
上一个（P）	显示上一屏视图,最多十屏
比例（S）	按所指定的比例缩放图形
窗口（W）	缩放用矩形框选取的指定区域
对象（O）	尽可能大地显示选定的图形对象
实时	按住鼠标左键拖曳窗口,放大与缩小图形的显示

如果选择了"实时"缩放方式,则绘图区显示的光标为 ,此时可按住鼠标左键以拖曳方式对绘图窗口中的图形进行缩放操作（按住左键上推为放大图形显示,下拉为缩小;即上推显示范围变小,下拉显示范围变大）。

在 AutoCAD 2020 的标准工具栏中,设有三个常用"缩放"命令的工具栏图标 、 、 ,分别为"实时缩放""缩放方式""缩放上一个",单击某一图标,可以在各种缩放方式间进行切换。

二、视窗的平移

在绘图过程中,由于屏幕大小有限,图形放大后将不能全部显示在屏幕内,若想查看屏幕外的图形,可使用"平移"（PAN）命令,它与缩放命令配合使用,便于对图形进行编辑操作。

启动"平移"命令的方法有如下三种。

◆ 键盘输入:PAN 或 P。
◆ "视图"（View）菜单:单击"视图"菜单中的"平移"子菜单。
◆ "标准工具栏":单击"标准工具栏"中的"平移"图标 。

执行"平移"命令之后,绘图区显示的光标为 ,此时可按住鼠标左键对绘图窗口中的图形显示区域进行拖曳。

> **注意**:视窗的平移只是图形的显示区域的变化,并不是图形的坐标发生变化。

在视图窗口的右边和下面分别有两个滚动条,我们可利用它们进行视图的上下或左右的移动,以观察图纸的不同部位。

在视窗的平移状态下,单击鼠标右键,弹出快捷菜单,可切换到"实时缩放""退出"等选项;同样地,在视窗的缩放状态下,单击鼠标右键,也可弹出快捷菜单,切换到"实时平移""退出"等选项。

在图形的绘制与编辑过程中,我们用前后滚动与按住鼠标滚轮进行拖曳操作,也可以实现视图的缩放与平移。

第四节　文件操作

对 AutoCAD 2020 的绘图界面与基本功能有了一定的了解之后,我们便可以开始绘图了。在绘制一幅新图形之前,先要建立一个新的图形文件。

一、建立新图形文件

在 AutoCAD 2020 中,可以通过如下四种方式建立新的图形文件。
- ◆ 键盘输入:NEW。
- ◆ "文件"(File)菜单:在"文件"菜单上单击"新建"子菜单。
- ◆ "快速访问工具栏":单击"快速访问工具栏"中的"新建"图标 。
- ◆ 快捷键输入:按【Ctrl】+【N】组合键。

用上述方法中的任何一种方法执行"新建"命令后,AutoCAD 都会出现如图 1-10 所示的"选择样板"对话框,在对话框中选择一个样板图形文件,就可建立一个新的图形文件。

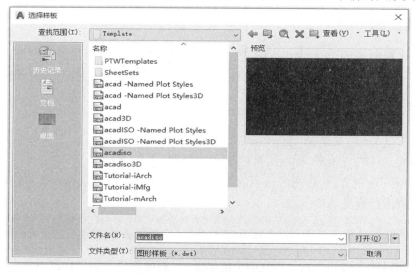

图 1-10　"选择样板"对话框

用户样板图的建立在后面的章节中介绍(详见第九章第一节),对于初学者,我们可以选择 acadiso.dwt 作为新建图形的样板图,因为我国的制图标准与国际标准十分接近。

二、打开图形文件

在 AutoCAD 2020 中,可以通过如下四种方法打开已有的图形文件。
- ◆ 键盘输入:OPEN。
- ◆ "文件"(File)菜单:单击"文件"菜单中的"打开"子菜单。
- ◆ "快速访问工具栏":单击"快速访问工具栏"中的"打开"图标 。
- ◆ 快捷键输入:按【Ctrl】+【O】组合键。

用上述方法中的任何一种方法输入命令后,AutoCAD 将出现如图 1-11 所示的"选择文件"对话框。在该对话框中,我们可以在搜索栏中查找到存放图形文件的文件夹,在文件列表中双击要打开的文件名；也可以选中要打开的文件,单击"打开"按钮。

我们可以通过图 1-11 所示的"选择文件"对话框打开多个图形,以节省文件打开的时间,提高图形编辑的工作效率。

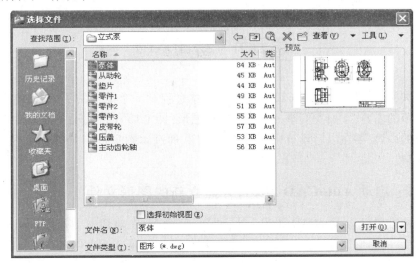

图 1-11　"选择文件"对话框

三、保存当前的文件图形

在 AutoCAD 2020 中,我们可以利用如下四种方法输入存盘命令,保存当前的图形文件。

◆ 键盘输入:SAVE 或 QSAVE。
◆ "文件"(File)菜单:单击"文件"菜单中的"保存"子菜单或"另存为"子菜单。
◆ "快速访问工具栏":单击"快速访问工具栏"上的"保存"图标 。
◆ 快捷键输入:按【Ctrl】+【S】组合键。

对于新建立的图形文件,用上述方法中的任何一种方法输入命令,均出现如图 1-12 所示的"图形另存为"对话框。对于已经命名存盘的图形文件,若要换名存盘,则选择"文件"菜单中的"另存为"命令。

图 1-12　"图形另存为"对话框

一旦图形被命名存盘之后,再使用保存命令时就不会出现上述对话框,而是直接将图形的更新内容存盘。建议大家在编辑图形的过程中养成经常存盘的习惯,防止绘图中因发生断电、死机、误关机等状况丢失图形而懊悔不及。

第五节 绘图入门

为了使大家对使用 AutoCAD 2020 绘图的基本过程有一个概括的了解,以便更为有效地学习后面章节的内容,下面我们举一个绘制简单图形(图 1-13)的例子。在绘图中我们用到本章尚未涉及的内容,要在以后章节中逐步加以介绍,通过本例只是让大家对作图的过程有一个大概的了解。

第一步:启动 AutoCAD 2020,并建立新的图形文件

以任一种方式启动 AutoCAD 2020。执行"新建"命令,在对话框中选择 acadiso.dwt 作为样板图,建立新的图形文件。并把该图形文件以"例题 1-1.dwg"为文件名存入指定的文件夹。

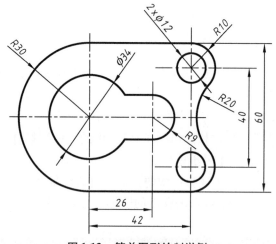

图 1-13 简单图形绘制举例

第二步:绘图前进行必要的设置

1. 有关图层的建立与设置(图 1-14)

① 打开"图层特性管理器"对话框(单击功能区"图层特性"工具栏中的图标),建立绘制图形所必要的若干个图层,并根据图层所放置对象的内容对各图层进行命名。

② 为了在绘图中便于区分不同图层上的实体,可对每个图层赋予不同的颜色。

③ 图 1-13 中除了有实线外,还有点画线,因而要先加载点画线(CENTER2)线型,然后把点画线层的线型改变为 CENTER2。

④ 把粗实线层的线宽设置为 0.5 mm,其他层的线型仍为默认线宽(默认线宽初始值为 0.25 mm)。

设置完成后,单击"图层特性管理器"对话框左上角的 按钮,关闭对话框。

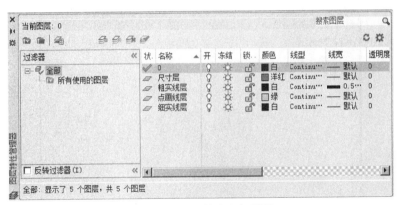

图 1-14　图层的建立与设置

2. 有关文字样式的创建（图 1-15）

① 打开"文字样式"对话框,单击对话框中的"新建"按钮 新建(N)… ,在弹出的"新建文字样式"对话框中以"工程字体"对将要建立的文字样式命名。

② 在"字体"文件名列表中选择 gbeitc.shx 字体文件名,并选中下方的"使用大字体"复选框。

③ 在"大字体"文件名列表中选择 gbcbig.shx 文件名。

④ 依次单击"应用""关闭"按钮。

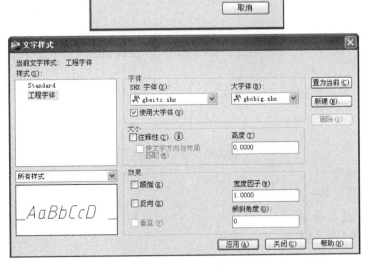

图 1-15　文字样式的创建

3. 有关尺寸标注样式的建立（图 1-16）

打开"标注样式管理器"对话框,从中可以看出,使用 AutoCAD 2020 的"acadiso.dwt"为样板建立的图形文件只有 ISO-25 一种标注样式,我们应按照国标的要求建立标注样式。

标注样式参数的修改比较复杂,我们将在第六章中详细介绍。

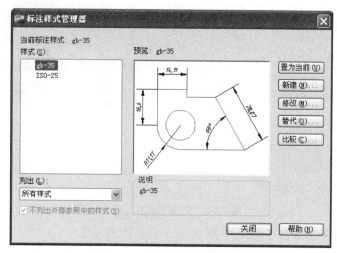

图 1-16 "标注样式管理器"对话框

第三步：按作图步骤绘制图形

1. 绘制图中圆与圆弧的定位线

打开"图层控制"工具栏的下拉列表，把当前图层设置为"点画线层"，在该图层上绘制图形的定位线，如图 1-17 所示。

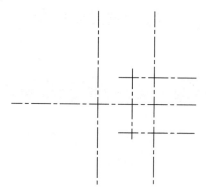

图 1-17 绘制定位线

参考命令序列如下：
命令：_line 指定第一点：
指定下一点或[放弃(U)]：
指定下一点或[放弃(U)]：
命令：_line 指定第一点：
指定下一点或[放弃(U)]：
指定下一点或[放弃(U)]：
命令：_offset
当前设置：删除源=否　图层=源　OFFSETGAPTYPE=0
指定偏移距离或[通过(T)/删除(E)/图层(L)]<通过>：26↙
选择要偏移的对象，或[退出(E)/放弃(U)]<退出>：
指定要偏移的那一侧上的点，或[退出(E)/多个(M)/放弃(U)]<退出>：

选择要偏移的对象,或[退出(E)/放弃(U)]<退出>:

命令:_offset

当前设置:删除源=否　图层=源　OFFSETGAPTYPE=0

指定偏移距离或[通过(T)/删除(E)/图层(L)]<26.0000>: 42↙

选择要偏移的对象,或[退出(E)/放弃(U)]<退出>:

指定要偏移的那一侧上的点,或[退出(E)/多个(M)/放弃(U)]<退出>:

选择要偏移的对象,或[退出(E)/放弃(U)]<退出>:

命令:_offset

当前设置:删除源=否　图层=源　OFFSETGAPTYPE=0

指定偏移距离或[通过(T)/删除(E)/图层(L)]<42.0000>: 20↙

选择要偏移的对象,或[退出(E)/放弃(U)]<退出>:

指定要偏移的那一侧上的点,或[退出(E)/多个(M)/放弃(U)]<退出>:

选择要偏移的对象,或[退出(E)/放弃(U)]<退出>:

指定要偏移的那一侧上的点,或[退出(E)/多个(M)/放弃(U)]<退出>:

选择要偏移的对象,或[退出(E)/放弃(U)]<退出>:

命令:_break 选择对象:

指定第二个打断点或[第一点(F)]:

命令:_break 选择对象:

指定第二个打断点或[第一点(F)]:

命令:_break 选择对象:

指定第二个打断点或[第一点(F)]:

命令:_break 选择对象:

指定第二个打断点或[第一点(F)]:

2. 绘制图形轮廓线

打开"图层控制"工具栏的下拉列表,把当前图层设置为"粗实线层",在该图层上绘制图形的轮廓线。

① 按尺寸画已知线段。图中应画出已知的圆,位置与半径大小确定的圆弧一般先按整圆画出,如图1-18所示。

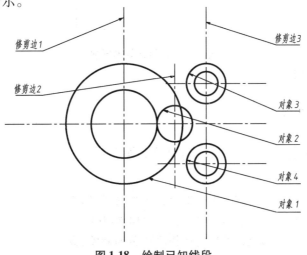

图1-18　绘制已知线段

参考命令序列如下:

命令:_circle 指定圆的圆心或 [三点(3P)/两点(2P)/相切、相切、半径(T)]:
指定圆的半径或 [直径(D)] <17.0000>:30 ✓
命令:_circle 指定圆的圆心或 [三点(3P)/两点(2P)/相切、相切、半径(T)]:
指定圆的半径或 [直径(D)] <30.0000>:17 ✓
命令:_circle 指定圆的圆心或 [三点(3P)/两点(2P)/相切、相切、半径(T)]:
指定圆的半径或 [直径(D)] <17.0000>:9 ✓
命令:_circle 指定圆的圆心或 [三点(3P)/两点(2P)/相切、相切、半径(T)]:
指定圆的半径或 [直径(D)] <9.0000>:10 ✓
命令:_circle 指定圆的圆心或 [三点(3P)/两点(2P)/相切、相切、半径(T)]:
指定圆的半径或 [直径(D)] <10.0000>:6 ✓
命令:_circle 指定圆的圆心或 [三点(3P)/两点(2P)/相切、相切、半径(T)]:
指定圆的半径或 [直径(D)] <6.0000>: ✓
命令:_circle 指定圆的圆心或 [三点(3P)/两点(2P)/相切、相切、半径(T)]:
指定圆的半径或 [直径(D)] <6.0000>:10 ✓

② 把图中圆修剪为圆弧(图1-19)。在修剪过程中,要选择修剪边和要修剪的对象,如图1-19所示。

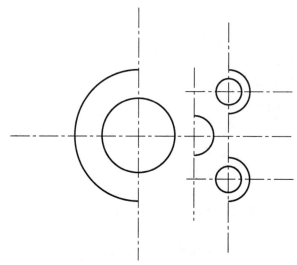

图 1-19　进行必要的修剪

参考命令序列如下:

命令:_trim
当前设置:投影=UCS,边=无
选择剪切边…
选择对象或<全部选择>:找到1个(选择修剪边1)
选择对象:✓
选择要修剪的对象,或按住 Shift 键选择要延伸的对象,或
　　[栏选(F)/窗交(C)/投影(P)/边(E)/删除(R)/放弃(U)]:(选择对象1)
选择要修剪的对象,或按住 Shift 键选择要延伸的对象,或

[栏选(F)/窗交(C)/投影(P)/边(E)/删除(R)/放弃(U)]：↙

命令：_trim

当前设置：投影=UCS,边=无

选择剪切边…

选择对象或<全部选择>：找到1个（选择修剪边2）

选择对象：找到1个,总计2个。（选择修剪边3）

选择对象：↙

选择要修剪的对象,或按住Shift键选择要延伸的对象,或

[栏选(F)/窗交(C)/投影(P)/边(E)/删除(R)/放弃(U)]：（选择对象2）

选择要修剪的对象,或按住Shift键选择要延伸的对象,或

[栏选(F)/窗交(C)/投影(P)/边(E)/删除(R)/放弃(U)]：（选择对象3）

选择要修剪的对象,或按住Shift键选择要延伸的对象,或

[栏选(F)/窗交(C)/投影(P)/边(E)/删除(R)/放弃(U)]：（选择对象4）

选择要修剪的对象,或按住Shift键选择要延伸的对象,或

[栏选(F)/窗交(C)/投影(P)/边(E)/删除(R)/放弃(U)]：↙

③ 画中间线段与连接圆弧,如图1-20所示。

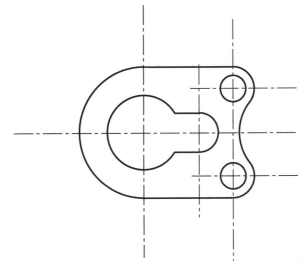

图1-20　画中间线段与连接圆弧

参考命令序列如下：

命令：_line 指定第一点：

指定下一点或[放弃(U)]：

指定下一点或[放弃(U)]：

命令：_line 指定第一点：

指定下一点或[放弃(U)]：

指定下一点或[放弃(U)]：

命令：_line 指定第一点：

指定下一点或[放弃(U)]：

指定下一点或[放弃(U)]：

命令：_line 指定第一点：
指定下一点或［放弃(U)］：
指定下一点或［放弃(U)］：
命令：_trim
当前设置：投影＝UCS，边＝无
选择剪切边…
选择对象或〈全部选择〉：找到 1 个
选择对象：
选择要修剪的对象,或按住 Shift 键选择要延伸的对象,或
　　［栏选(F)/窗交(C)/投影(P)/边(E)/删除(R)/放弃(U)］：
选择要修剪的对象,或按住 Shift 键选择要延伸的对象,或
　　［栏选(F)/窗交(C)/投影(P)/边(E)/删除(R)/放弃(U)］：
命令：_trim
当前设置：投影＝UCS，边＝无
选择剪切边…
选择对象或〈全部选择〉：找到 1 个
选择对象：找到 1 个,总计 2 个
选择对象：
选择要修剪的对象,或按住 Shift 键选择要延伸的对象,或
　　［栏选(F)/窗交(C)/投影(P)/边(E)/删除(R)/放弃(U)］：
选择要修剪的对象,或按住 Shift 键选择要延伸的对象,或
　　［栏选(F)/窗交(C)/投影(P)/边(E)/删除(R)/放弃(U)］：
命令：_fillet
当前设置：模式 ＝ 修剪,半径 ＝ 0.0000
选择第一个对象或［放弃(U)/多段线(P)/半径(R)/修剪(T)/多个(M)］：R
指定圆角半径〈0.0000〉：20 ✓
选择第一个对象或［放弃(U)/多段线(P)/半径(R)/修剪(T)/多个(M)］：
选择第二个对象,或按住 Shift 键选择要应用角点的对象：

3. 检查、整理图形并标注尺寸

在标注尺寸前,应对图形进行检查、修改、整理,擦除多余的对象,对画长的线可使用打断命令或夹点功能修整。

打开"图层控制"工具栏的下拉列表,把当前图层设置为"尺寸层",把尺寸标注在"尺寸层"上；打开"标注"工具栏,在工具栏的标注样式列表中选择"gb-35"标注样式,并选择线性标注、半径标注、直径标注等标注图形的尺寸。

尺寸标注命令序列从略。

实训一　AutoCAD 2020 界面熟悉与绘图入门练习

练习1：AutoCAD 2020 的启动。

启动 AutoCAD 2020，观察屏幕绘图界面，熟悉标题栏、菜单栏、工具栏、绘图窗口、命令行与状态栏。

练习2：命令的调用与选项操作使用。

① 练习命令的调用方式(以画圆的命令为例)。

◇ 从键盘输入"CIRCLE"或"C"。

◇ 单击"绘图"工具栏中的 ◎ 按钮。

◇ 选择"绘图"菜单中画圆的各子命令。

◇ 练习命令的重复操作：按回车键、空格键，使用右键菜单。

② 练习命令的选项操作(仍以画圆的命令为例)。

◇ 默认选项：圆心、半径画圆。

◇ "D"选项：圆心、直径画圆。

◇ "2P"选项：两点画圆。

◇ "3P"选项：三点画圆。

◇ "T"选项：相切、相切、半径画圆。

◇ 利用菜单选择画圆方式：相切、相切、相切方式画圆。

③ 命令的中断练习。

命令执行时按【ESC】键。

④ 命令的取消。

◇ 输入"UNDO"或"U"。

◇ 单击"标准工具栏"中的 ⇐ 按钮。

⑤ 命令的恢复。

◇ 输入"redo"。

◇ 单击"标准工具栏"中的 ⇒ 按钮。

练习3：点的输入。

① 练习单击鼠标左键定点。

以画直线的命令为例，在练习中从状态行打开与关闭"捕捉"方式，观察输入的点有何不同。

② 练习用对象捕捉方式定点。

以画直线的命令为例，在练习中从状态行打开"对象捕捉"方式。

③ 练习以绝对坐标输入点。

以画直线的命令为例，以绝对坐标[如(50,100)]的方式输入点的坐标。

④ 练习以相对坐标输入点。

以画直线的命令为例，以相对坐标[如(@100,70)]的方式输入点的坐标。

⑤ 练习以相对极坐标输入点。

以画直线的命令为例,以相对极坐标[如(@80<45)]的方式输入点的坐标。

练习4:练习视图的缩放与平移。

① 打开配套教学素材中"上机实训用图\实训一"目录下的"1-1.dwg"图形文件。

② 进行缩放操作:全部、窗口、范围、比例、上一个等视窗缩放。

③ 进行视窗平移操作。

练习5:绘图入门练习。

① 打开配套教学素材中"上机实训用图\实训一"目录下的"1-2.dwg"图形文件。

② 在"1-2.dwg"图形文件中绘制如图1-21所示的图形。

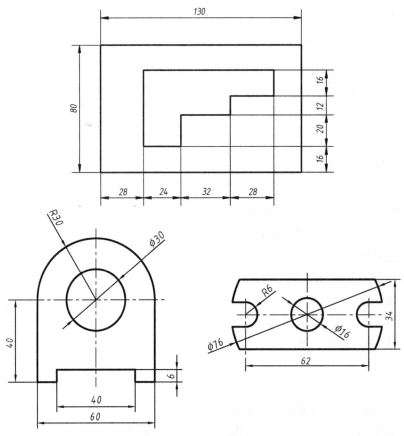

图1-21　简单平面图形练习

练习6:文件操作练习。

① 输入"新建"命令,选择"acadiso.dwt"作为样板图创建新图形文件。

② 对所绘制的图形进行命名,并保存到磁盘上个人创建的文件夹中。

③ 关闭图形文件。若关闭前对打开的图形进行了修改,注意关闭时选择"保存""不保存""取消"三者之间的区别。

④ 打开已经创建的图形文件。

第二章 常用实体绘图命令

主要学习目标

◆ 熟练掌握 AutoCAD 2020 常用实体绘图命令的使用方法。
◆ 通过简单平面图形的绘制练习,进一步熟悉使用 AutoCAD 2020 绘制图样的大致过程。

AutoCAD 2020 提供了丰富的绘图命令,利用这些命令可以绘制出各种复杂的图形,而任何复杂的图形都是由点、直线、圆、圆弧等基本元素组成的,只有熟练地掌握了点、直线、圆、圆弧等基本实体的绘制方法和技巧,才能够更好地绘制出复杂的图形。本章将介绍常用实体的绘图命令。各种绘图命令的工具栏及下拉菜单分别如图 2-1、图 2-2 所示。

图 2-1 基本绘图命令的工具栏

图 2-2 基本绘图命令的下拉菜单

第一节　点(POINT)的绘制命令

在 AutoCAD 2020 中,点对象可通过"单点""多点""定数等分""定距等分"四种方法创建。点对象可用作捕捉和偏移对象的节点或参考点。

一、绘制点(POINT)

绘制点命令可通过下面的三种方法调用。

- ◆ 键盘输入:POINT 或 PO。
- ◆ "绘图"工具栏:单击"绘图"工具栏中的"点"按钮 · 。
- ◆ "绘图"菜单:选择"绘图"→"点"→"单点"(或"多点")命令。

采用上述任一种方法调用命令后,系统命令行出现如下提示信息:
命令:_point
当前点模式:PDMODE = 0 PDSIZE = 0.0000
指定点:(输入点的坐标或用鼠标给定点的位置)

绘制点的命令有"单点"和"多点"两种方式。"单点"方式是在绘图窗口中指定一个点后将结束操作;"多点"方式则可以在绘图窗口中一次指定多个点,直到按【ESC】键才结束操作。

> **注意**:通过命令行输入命令时为"单点"方式,通过工具栏输入命令时为"多点"方式。

二、设置点的样式与大小

在绘制点时,命令提示行的 PDMODE 和 PDSIZE 两个系统变量显示了当前状态下点的样式和大小。选择"格式"菜单中的"点样式"子菜单,打开"点样式"对话框,根据需要来设置点的样式及大小,如图 2-3 所示。

对话框中各选项的功能如下。

① 点样式:提供 20 种样式,默认为小圆点,可任选一种。
② 点大小:确定所选点的大小。
③ 相对于屏幕设置大小:设置点采用相对尺寸。使用"缩放"命令缩放图样前后,所画点的大小不同。
④ 按绝对单位设置大小:设置点采用绝对尺寸。使用"缩放"命令缩放图样前后,所画点的大小不受影响。

设置点样式后,单击"确定"按钮完成操作。

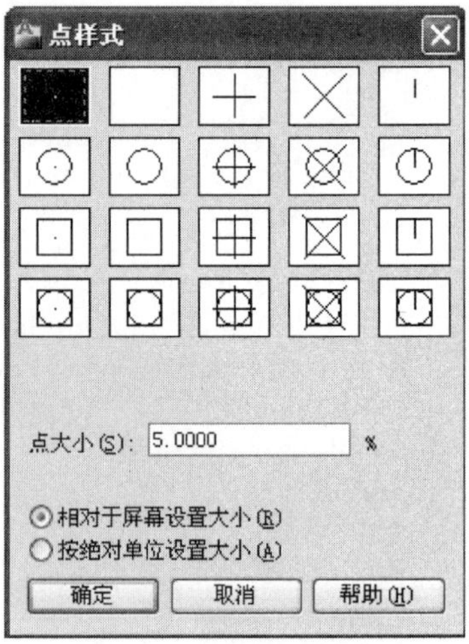

图 2-3　"点样式"对话框

三、定数等分(DIVIDE)

"定数等分"命令以等分长度放置点或图块。被等分的对象可以是直线、圆、圆弧、多义线等实体,等分点只是按要求在等分对象上作出点标记。其命令调用方法主要有以下两种。

- ◆ "绘图"菜单:选择"绘图"→"点"→"定数等分"命令。
- ◆ 键盘输入:DIVIDE 或 DIV。

【例2-1】 打开配套教学素材中"课堂教学用图\第二章"目录下的"2-4.dwg"图形文件,将如图2-4(a)所示的直线进行定数四等分。

具体操作步骤如下:

① 执行"绘图"→"点"→"定数等分"命令。

② 在命令行的"选择要定数等分的对象:"提示下,拾取该直线作为要等分的对象。

③ 在命令行的"输入线段数目或[块(B)]:"提示下,输入等分段数"4",然后按回车键。等分结果如图2-4(b)所示。

如果在系统提示"输入线段数目或[块(B)]:"时输入"B",然后按回车键,则表示将在对象上按等分位置插入块(有关块的概念详见第八章)。

图2-4 定数等分线段

注意:

① 为便于观察所绘的等分点,应先在"点样式"对话框中设置便于观察的点样式。

② 因为输入的是等分数,而不是放置点的个数,所以如果将所选对象分成 N 份,有时则只生成 N−1 个点。

③ 每次只能对一个对象进行操作,而不能对一组对象进行操作。

四、定距等分(MEASURE)

该命令可在指定的对象上按指定的长度绘制点或插入块。该命令调用方法有以下两种。

◆ "绘图"菜单:选择"绘图"→"点"→"定距等分"命令。

◆ 命令行输入:MEASURE 或 ME。

【例2-2】 打开配套教学素材中"课堂教学用图\第二章"目录下的"2-5.dwg"图形文件,将图2-5(a)所示的圆弧定距等分,等分间距为44。

① 执行"绘图"→"点"→"定距等分"命令。

② 在命令行的"选择要定距等分的对象:"提示下,在靠近圆弧的左端选取圆弧,作为要定距等分的对象。

③ 在命令行的"指定线段长度或[块(B)]:"提示下,输入"44",按回车键。等分结果如图2-5(b)所示。

图2-5 定距等分圆弧

注意:
① 放置点的起始位置从离对象选取点较近的端点开始。
② 如果对象总长不能被所选长度整除,则最后放置点到对象端点的距离将小于所选长度。

第二节 直线(LINE)的绘制命令

在 AutoCAD 中,绘制直线命令的调用方法有以下三种。
◆ 键盘输入:LINE 或 L。
◆ "绘图"或"功能区"工具栏:单击"绘图"或"功能区"工具栏中的"直线"按钮 ✏。
◆ "绘图"菜单:选择"绘图"菜单中的"直线"子菜单。

【例 2-3】 用"直线"命令绘制如图 2-6(a)所示的图形。
输入命令后,系统命令行出现如下提示信息:
_line 指定第一点:(用鼠标拾取起始点 1)
指定下一点或[放弃(U)]:@60<0 ↙(用相对极坐标指定点 2)
指定下一点或[放弃(U)]:@50,40 ↙(用相对直角坐标指定点 3)
指定下一点或[闭合(C)/放弃(U)]:@0,-140 ↙(用相对直角坐标指定点 4)
指定下一点或[闭合(C)/放弃(U)]:@-50,40 ↙(用相对直角坐标指定点 5)
指定下一点或[闭合(C)/放弃(U)]:@60<180 ↙(用相对极坐标指定点 6)
指定下一点或[闭合(C)/放弃(U)]:↙(按回车键结束命令)

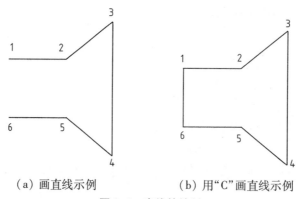

(a)画直线示例　　(b)用"C"画直线示例

图 2-6 直线的绘制

说明:
① 在系统提示"指定下一点或[闭合(C)/放弃(U)]:"时,若输入"C",然后按【Enter】键,或选择右键菜单中的"闭合"选项时,图形将首尾闭合并结束命令,结果如图 2-6(b)所示。
② 在系统提示"指定下一点或[放弃(U)]:"或"指定下一点或[闭合(C)/放弃(U)]:"时,若输入"U",然后按回车键,或选择右键菜单中的"放弃"选项时,将擦去最后画出的一条线。
③ 在系统提示"指定下一点或[闭合(C)/放弃(U)]:"时,若输入一数值后按回车键,则按光标的拖动方向画出该数值长度的直线段。
④ 用直线命令绘制的每一条线段都是一个独立的实体,可单独进行编辑。

第三节　圆(CIRCLE)的绘制命令

在 AutoCAD 中,有六种方法画圆(图 2-7)。

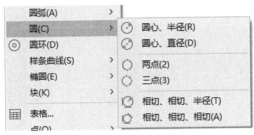

图 2-7　绘制圆的六种方式

其命令的调用方法主要有以下三种。

◆ 键盘输入:CIRCLE 或 C。

◆ "绘图"工具栏:单击"绘图"工具栏中的 按钮。

◆ "绘图"或"功能区"菜单:选择"绘图"→"圆"命令,在下拉菜单中选择画圆的六种方式之一,如图 2-7 所示。

采用"绘图"菜单输入画圆命令时,必须直接选取画圆的方式。采用另外两种方式输入画圆的命令,系统会出现如下提示信息:

_circle 指定圆的圆心或[三点(3P)/两点(2P)/相切、相切、半径(T)]:

此时,选择不同的选项可进入不同的画圆方式。

1. "圆心、半径"方式

此种方式是绘制圆的默认选项,发出画圆命令后,AutoCAD 作如下提示:

_circle 指定圆的圆心或[三点(3P)/两点(2P)/相切、相切、半径(T)]:(指定圆心位置)

指定圆的半径或[直径(D)]:(输入半径值或直接用鼠标拖动确定圆的大小)

2. "圆心、直径"方式

输入画圆命令后,系统提示:

_circle 指定圆的圆心或[三点(3P)/两点(2P)/相切、相切、半径(T)]:(指定圆心位置)

指定圆的半径或[直径(D)] <30>:D✓(选择直径方式,"<30>"内的 30 为上次画圆的半径值)

指定圆的直径 <60>:80✓(输入直径 80,也可直接用鼠标拖动确定圆的大小)

3. "三点"方式

通过圆上的三点来画圆。输入画圆命令后,系统提示:

_circle 指定圆的圆心或[三点(3P)/两点(2P)/相切、相切、半径(T)]:3P✓(选择三点方式)

指定圆上的第一个点:(指定圆上的第 1 点)

指定圆上的第二个点:(指定圆上的第 2 点)

指定圆上的第三个点:(指定圆上的第 3 点)

4. "两点"方式

通过确定直径的两个端点画圆。输入画圆命令后,系统提示:

_circle 指定圆的圆心或[三点(3P)/两点(2P)/相切、相切、半径(T)]:2P↙(选择两点方式)

指定圆直径的第一个端点:(指定圆直径的第 1 端点)

指定圆直径的第二个端点:(指定圆直径的第 2 端点)

5. "相切、相切、半径"方式

绘制与已有的两个对象相切,且半径为指定值的圆。相切对象可以是直线、圆或圆弧等。执行绘制圆命令后,系统提示:

_circle 指定圆的圆心或[三点(3P)/两点(2P)/相切、相切、半径(T)]:T↙(选择"相切、相切、半径"方式)

指定对象与圆的第一个切点:(用鼠标拾取第 1 个相切目标对象)

指定对象与圆的第二个切点:(用鼠标拾取第 2 个相切目标对象)

指定圆的半径:60↙(输入半径值)

结果如图 2-8(a)、(b)所示。

6. "相切、相切、相切"方式

绘制与三个目标对象相切的公切圆,一般只能通过下拉菜单输入命令。

执行"绘图"→"圆"→"相切、相切、相切"命令,系统提示:

_circle 指定圆的圆心或[三点(3P)/两点(2P)/相切、相切、半径(T)]:3P↙

指定圆上的第一个点:_tan 到

指定圆上的第二个点:_tan 到

指定圆上的第三个点:_tan 到

在上面的提示下依次拾取三个被切对象,即可绘出对应的圆,如图 2-8(c)所示。

> **注意:**
> ① 采用"相切、相切、半径"方式绘制圆时,AutoCAD 总是在距拾取点最近的部位绘制相切的圆。因此,拾取相切对象时,拾取位置不同,得到的结果也不同,如图 2-8(a)所示。
>
> ② 绘制内切圆时,内切圆半径应大于两切点距离的 $\frac{1}{2}$,否则,系统提示"圆不存在"。

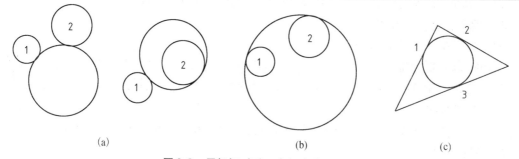

(a)　　　　　　　　　　(b)　　　　　　　　　　(c)

图 2-8　用相切、相切、半径方式绘制圆

第四节　圆弧(ARC)的绘制命令

绘制圆弧命令可通过下列方法调用。

◆ 键盘输入:ARC。

◆ "绘图"或"功能区"工具栏:单击"绘图"或"功能区"工具栏中的 按钮。

◆ "绘图"菜单:在"绘图"菜单中选择画圆弧的 11 种方式之一,如图 2-9 所示,用户可根据绘图需要进行选择。

采用另外两种方式调用绘制圆弧命令时,系统会出现如下提示信息:

_arc 指定圆弧的起点或[圆心(C)]:

此时,选择不同的选项可进入不同的绘制圆弧方式。

1. "三点"方式

给定三个点绘制一段圆弧,需要指定圆弧的起点、通过的第二个点和端点。它是绘制圆弧命令的缺省项。

2. "起点、圆心、端点"方式

根据圆弧的起点、圆心和端点绘制圆弧。此种方式下,系统总是从起点开始,绕圆心沿逆时针方向绘制圆弧。

图 2-9 绘制圆弧的 11 种方式

3. "起点、圆心、角度"方式

根据圆弧的起点、圆心和圆弧的包含角绘制圆弧。当系统提示"指定包含角:"时,若输入正的角度值,则从起始点绕圆心沿逆时针方向绘制圆弧;若输入负的角度值,则沿顺时针方向绘制圆弧。

4. "起点、圆心、长度"方式

根据圆弧的起点、圆心和弦长绘制圆弧。此时,所给定的弦长不得超过起点到圆心距离的两倍。另外,在"指定弦长:"的提示下,若输入的弦长为正值,则绘制小于半圆的弧;若输入的弦长为负值,则绘制大于半圆的弧,如图 2-10 所示。

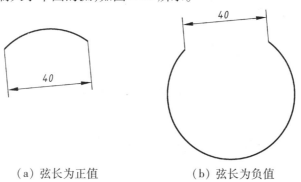

(a)弦长为正值　　　　　(b)弦长为负值

图 2-10 弦长为正值或负值时所画圆弧的比较

5. "起点、端点、角度"方式

根据圆弧的起点、端点和圆弧的包含角绘制圆弧。

6. "起点、端点、方向"方式

根据圆弧的起点、端点和圆弧在起点的切线方向绘制圆弧。当提示"指定圆弧的起点切向:"时,AutoCAD 会从圆弧的起点与当前光标之间引出一条橡皮筋线,此橡皮筋线即为圆弧在起点处的切线。拖动鼠标确定圆弧在起始点处的切线方向后,单击鼠标左键即可得到相应的圆弧。

7. "起点、端点、半径"方式

根据圆弧的起点、端点和半径绘制圆弧。圆弧的半径有正、负之分,当半径为正值时,绘制小于半圆的圆弧;当半径为负值时,绘制大于半圆的圆弧。

8. "圆心、起点、端点"方式

根据圆弧的圆心、起点和端点绘制圆弧。

9. "圆心、起点、角度"方式

根据圆弧的圆心、起点和角度绘制圆弧。

10. "圆心、起点、长度"方式

根据圆弧的圆心、起点和弦长绘制圆弧。

以上三种方式与2、3、4中三条件相同,只是操作命令时提示顺序不同。

11. "继续"方式

选择该命令,系统将以最后一次所绘直线或圆弧的终点为新圆弧的起点,再按提示给出圆弧的终点,所绘圆弧将与上段线相切。

实际上,我们在使用 AutoCAD 绘图时,直接使用 ARC 命令画弧的情况是不多的,为了作图快速、准确,我们一般先画出圆来,再使用 AutoCAD 的编辑命令修剪。例如图 2-11 所示平面图形中的弧 *AB*。

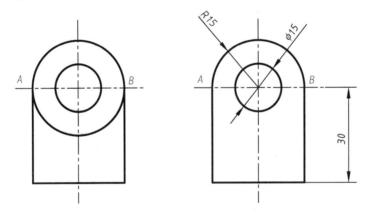

图 2-11 平面图形画法实际应用

第五节 椭圆、椭圆弧(ELLIPSE)的绘制命令

椭圆和椭圆弧的绘制命令相同,都是 ELLIPSE,但命令行提示不同。椭圆的绘制方式有"轴、端点""旋转角""中心点"三种。绘制椭圆弧则要求确定起始点和终止点。

命令调用方法有以下三种。

◆ 命令行输入:ELLIPSE。

◆ "绘图"或"功能区"工具栏:单击"绘图"或"功能区"工具栏中的单击"椭圆"按钮 或"椭圆弧"按钮 。

◆ "绘图"菜单:选择"绘图"菜单中的"椭圆"子菜单,选择相应的绘制方式,如图 2-12 所示。

采用"绘图"菜单输入命令时,从"椭圆"子菜单可直接选取绘制

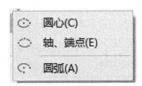

图 2-12 "椭圆"子菜单

椭圆的方式。采用另外两种方式执行绘制椭圆命令时，系统会出现如下提示信息：

_ellipse 指定椭圆的轴端点或[圆弧(A)/中心点(C)]：

此时，选择不同的选项可进入不同的绘制椭圆方式。

1."轴、端点"方式(缺省项)

根据指定椭圆的三个轴端点位置来绘制椭圆，调用命令后系统提示如下：

_ellipse 指定椭圆的轴端点或[圆弧(A)/中心点(C)]：(指定点1)

指定轴的另一个端点：(指定点2)

指定另一条半轴长度或[旋转(R)]：(指定点3)

结果如图 2-13 所示。

2."中心点"方式

根据椭圆中心和椭圆两半轴长度来绘制椭圆，调用命令后系统提示如下：

_ellipse 指定椭圆的轴端点或[圆弧(A)/中心点(C)]：C↵(选择"中心点"方式)

指定椭圆的中心点：(指定椭圆圆心0)

指定轴的端点：(指定轴端点1)

指定另一条半轴长度或[旋转(R)]：(指定轴端点2)

结果如图 2-14 所示。

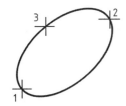
图 2-13　用"轴、端点"方式绘制椭圆

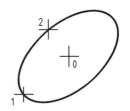
图 2-14　用"中心点"方式绘制椭圆

3."旋转角"方式

根据指定旋转角来绘制椭圆。该椭圆是经过已确定两点且以这两点之间的距离为直径的圆绕所确定椭圆的轴旋转指定角度后得到的投影椭圆。如果旋转角度为"0"，则 AutoCAD 将画一个圆。调用命令后系统提示：

_ellipse 指定椭圆的轴端点或[圆弧(A)/中心点(C)]：(指定点1)

指定轴的另一个端点：(指定该轴的另一端点2)

指定另一条半轴长度或[旋转(R)]：R↵

指定绕长轴旋转的角度：(给定旋转角度)

结果如图 2-15 所示。

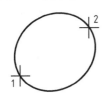　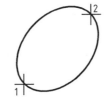　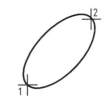

（a）旋转角为 30°　　　（b）旋转角为 45°　　　（c）旋转角为 60°

图 2-15　用"旋转角"方式以不同的旋转角绘制椭圆的比较

4. 绘制椭圆弧

绘制椭圆弧时应先利用上面的三种方式绘制出椭圆，然后再根据系统提示指定椭圆弧的

起始点或起始角度及终止点或终止角度。下面以"中心点"方式为例,在"绘图"工具栏中单击"椭圆弧"按钮 ↻ ,系统提示如下:

_ellipse 指定椭圆的轴端点或 [圆弧(A)/中心点(C)]:A↙
指定椭圆弧的轴端点或 [中心点(C)]:C↙(选择"中心点"选项)
指定椭圆弧的中心点:(指定中心点0)
指定轴的端点:(指定端点1)
指定另一条半轴长度或[旋转(R)]:(拾取点2以确定另一条半轴长度)
指定起始角度或[参数(P)]:60↙(输入起始角度60或指定切
　　断起始点)
指定终止角度或[参数(P)/包含角度(I)]:360↙(输入终止角
　　度360或指定切断终点)

结果如图2-16所示。

说明:若在上一提示行中选择"I",可指定椭圆弧的包含角度。

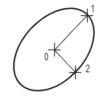

图2-16　绘制椭圆弧

第六节　矩形(RECTANG)的绘制命令

"矩形"命令是以指定两个对角点的方式绘制矩形。可以绘制普通矩形及带有倒角或圆角的矩形。其命令调用方法有以下三种。

◆ 命令行输入:RECTANG 或 REC。
◆ "绘图"或"功能区"工具栏:单击"绘图"或"功能区"工具栏中的 ▭ 按钮。
◆ "绘图"菜单:选择"绘图"菜单中的"矩形"子菜单。

执行"矩形"命令后,系统出现如下提示:

_rectang 指定第一个角点或 [倒角(C)/标高(E)/圆角(F)/厚度(T)/宽度(W)]:
此时,选择不同的选项可进入不同的绘制矩形方式。

1. 绘制普通矩形(缺省项)

根据所给两对角点及当前线宽绘制矩形,调用"矩形"命令后,系统提示如下:

指定第一个角点或[倒角(C)/标高(E)/圆角(F)/厚度(T)/宽度(W)]:(指定点1)
指定另一个角点或 [面积(A)/尺寸(D)/旋转(R)]:(指定点2)

结果如图2-17所示。

若在上一提示行中不指定另一角点,而选择"D",则系统将提示:

指定矩形的长度<0.00>:70↙(输入矩形的长度值)
指定矩形的宽度<0.00>:49↙(输入矩形的宽度值)
指定另一个角点或 [面积(A)/尺寸(D)/旋转(R)]:(用鼠标指定2点的方位)

结果如图2-18所示。

图 2-17　按缺省项方式绘制矩形

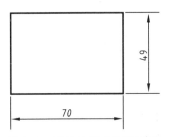

图 2-18　按给定尺寸绘制矩形

2. 绘制带有倒角的矩形

按设置的倒角尺寸,绘制一个四角带有倒角的矩形。调用命令后,系统提示如下:

_rectang 指定第一个角点或[倒角(C)/标高(E)/圆角(F)/厚度(T)/宽度(W)]:C↙

指定矩形的第一个倒角距离 <0.0000>：5↙(输入第一个倒角距离)

指定矩形的第二个倒角距离 <5.0000>：5↙(输入第二个倒角距离)

指定第一个角点或[倒角(C)/标高(E)/圆角(F)/厚度(T)/宽度(W)]:(指定矩形第一个角点1)

指定另一个角点或 [面积(A)/尺寸(D)/旋转(R)]:(指定矩形另一个角点2)

结果如图 2-19 所示。

3. 绘制带有圆角的矩形

按指定的圆角半径,绘制一个四角带有圆角的矩形,调用命令后,系统提示如下:

_rectang 指定第一个角点或 [倒角(C)/标高(E)/圆角(F)/厚度(T)/宽度(W)]:F↙

指定矩形的圆角半径 <0.00>:6↙(输入圆角半径)

指定第一个角点或[倒角(C)/标高(E)/圆角(F)/厚度(T)/宽度(W)]:(指定矩形第一个角点1)

指定另一个角点或 [面积(A)/尺寸(D)/旋转(R)]:(指定矩形另一个角点2)

结果如图 2-20 所示。

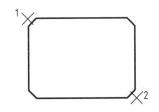

图 2-19　带有倒角的矩形

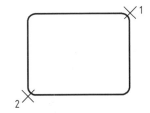

图 2-20　带有圆角的矩形

4. 为矩形设置线宽

在绘制矩形前可选择"宽度(W)"选项,为所绘矩形设置线宽。调用命令后,系统提示如下:

_rectang 指定第一个角点或[倒角(C)/标高(E)/圆角(F)/厚度(T)/宽度(W)]:W↙

指定矩形的线宽 <0.0000>：2↙(矩形的缺省线宽为0.000,并非线宽为0,而是图层或对象特性的当前线宽。2 为设置的新线宽)

指定第一个角点或[倒角(C)/标高(E)/圆角(F)/厚度(T)/宽度(W)]:

在该提示下可以进行矩形绘制的其他操作。

第七节 正多边形(POLYGON)的绘制命令

"正多边形"命令用于绘制 3~1 024 边的正多边形。AutoCAD 提供了三种绘制正多边形的方式:"内接于圆""外切于圆""边"。其命令调用方法有以下三种。

◆ 键盘输入:POLYGON 或 POL。

◆ "绘图"工具栏:单击"绘图"工具栏中的按钮 ⬡。

◆ "绘图"菜单:选择"绘图"菜单中的"正多边形"子菜单。

输入绘制正多边形命令后,命令行信息如下:

_polygon 输入侧面数 <4>:(输入多边形边数)

指定正多边形的中心点或[边(E)]:

此时,选择不同的选项,可进入不同的绘制正多边形方式。

1. "内接于圆"方式

执行"正多边形"命令后,系统提示如下:

_polygon 输入侧面数 <4>:6✓(输入边数值6)

指定多边形的中心点或[边(E)]:(给定多边形中心点O)

输入选项[内接于圆(I)/外切于圆(C)]<I>:✓(默认状态为"I",内接于圆方式)

指定圆的半径:38✓(输入内接圆的半径值)

结果如图 2-21 所示。

2. "外切于圆"方式

执行"正多边形"命令后,系统提示如下:

_polygon 输入侧面数 <4>:5✓(输入边数值5)

指定多边形的中心点或[边(E)]:(指定多边形中心点O)

输入选项[内接于圆(I)/外切于圆(C)]<I>:C✓(选择外切于圆方式)

指定圆的半径:28✓(输入外切圆的半径值)

结果如图 2-22 所示。

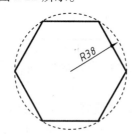

图 2-21 用"内接于圆"方式绘制正多边形

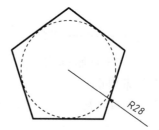

图 2-22 用"外切于圆"方式绘制正多边形

3. "边"方式

执行"正多边形"命令后,系统提示如下:

_polygon 输入侧面数 <4>:7✓(输入边数值7)

指定正多边形的中心点或[边(E)]:E✓(选择"边"方式)

指定边的第一个端点:(指定边的端点1)
指定边的第二个端点:(指定边的端点2)
结果如图2-23所示。

说明:

① 用"内接于圆"和"外切于圆"方式绘制正多边形时,圆并不绘出,如图2-21、图2-22所示,虚线圆是一个假想圆。

② 用"边"方式绘制正多边形时,多边形从指定边的第一端点到第二端点按逆时针方向绘出。

图2-23 用"边"方式绘制正多边形

第八节 样条曲线(SPLINE)的绘制命令

样条曲线是指通过或接近一系列指定点的光滑曲线,该命令可用于绘制机件断开处的波浪线及地形外貌轮廓线等。其命令调用方法有以下三种。

◆ 命令行输入:SPLINE 或 SPL。
◆ "绘图"工具栏:单击"绘图"工具栏中的按钮 ⁓。
◆ "绘图"菜单:选择"绘图"菜单中的"样条曲线"子菜单。

执行"样条曲线"命令后,系统提示如下:

_spline
当前设置:方式=拟合 节点=弦
指定第一个点或 [方式(M)/节点(K)/对象(O)]:(指定第1个点)
输入下一个点或 [起点切向(T)/公差(L)]:(指定第2个点)
输入下一个点或 [端点相切(T)/公差(L)/放弃(U)/闭合(C)]:(指定第3个点)
输入下一个点或 [端点相切(T)/公差(L)/放弃(U)/闭合(C)]:

上一提示重复出现,可连续指定若干点,按回车键或按鼠标右键并确认结束命令。
样条曲线如图2-24所示,这是用"拟合"方式绘制的样条曲线。

图2-24 样条曲线

对于提示:

指定第一个点或 [方式(M)/节点(K)/对象(O)]:M↙
输入样条曲线创建方式 [拟合(F)/控制点(CV)] <拟合>:CV↙
绘制样条曲线的后续提示如下:
当前设置:方式=控制点 阶数=3
指定第一个点或 [方式(M)/阶数(D)/对象(O)]:(指定第1个点)
输入下一个点:(指定第2个点)

输入下一个点或[闭合(C)/放弃(U)]:(指定第3个点)
输入下一个点或[闭合(C)/放弃(U)]:

命令提示行中各选项的含义如下:

① "闭合(C)"选项:用于使曲线首尾闭合,闭合后系统提示"指定切向",用户指定样条曲线的起点(同时也是终点)的切向方向后,即可绘出一条封闭的样条曲线。

② "公差(L)"选项:用于确定所绘曲线与指定点的接近程度。拟合公差越大,曲线离指定点越远,但总通过起点和终点。拟合公差为"0"时,曲线通过指定点。

③ "起点切向(T)"选项:用于确定样条曲线在起始点处的切线方向。可在该提示下直接输入表示切线方向的角度值,或者通过移动鼠标的方法来确定样条曲线起点处的切线方向,即在绘图区拾取一点,以样条曲线起点到该点的连线作为起点的切向。

④ "端点相切(T)"选项:用于确定样条曲线终点处的切向(方法与确定样条曲线起点切向相同)。

⑤ "对象(O)"选项:用于将一条多段线拟合生成样条曲线,使用该选项前须将"方式(M)"选项设置为"控制点"方式。

第九节 多段线(PLINE)的绘制命令

"多段线"命令用于绘制由若干直线和圆弧连接而成的不同宽度的曲线或折线,如图2-25所示。一条多段线中包含的所有直线与圆弧都是一个实体,可以用"修改"→"对象"→"多段线"命令对其进行编辑。

其命令调用方法有以下三种。

图2-25 多段线示例

◆ 键盘输入:PLINE 或 PL。

◆ "绘图"或"功能区"工具栏:单击"绘图"或"功能区"工具栏中的 按钮。

◆ "绘图"菜单:选择"绘图"菜单中的"多段线"子菜单。

输入多段线命令后,系统命令行出现提示信息:

指定起点:(指定多段线起点)

当前线宽为0.00:(说明当前所绘多段线的线宽)

指定下一个点或[圆弧(A)/半宽(H)/长度(L)/放弃(U)/宽度(W)]:(指定第2个点或选项)

指定下一个点或[圆弧(A)/闭合(C)/半宽(H)/长度(L)/放弃(U)/宽度(W)]:

命令提示行中各选项的含义如下。

① "指定下一个点":按直线方式绘制多段线,线宽为当前值。

② "圆弧(A)":按圆弧方式绘制多段线。选择该项后,系统提示如下:

指定圆弧的端点或[角度(A)/圆心(CE)/闭合(CL)/方向(D)/半宽(H)/直线(L)/半径(R)/第二个点(S)/放弃(U)/宽度(W)]:

其中各选项的含义如下。

◆ "角度(A)":用于指定圆弧的包含角。输入正值,逆时针绘制圆弧;输入负值,则顺时针绘制圆弧。

◆ "圆心(CE)":用于指定所画圆弧的圆心。当确定圆心位置后,可根据提示再指定圆弧的端点、包含角或对应弦长中的一个条件来绘制圆弧。

◆ "闭合(CL)":将所绘制的多段线首尾相连。闭合后,将结束多段线绘制命令。

◆ "方向(D)":用于确定圆弧在起点处的切线方向。通过输入起点处切线与水平方向的夹角来确定圆弧的起点切向。也可在绘图区拾取一点,系统将把圆弧的起点与该点的连线作为圆弧的起点切向。当确定了起点切向后,再确定圆弧另一个端点,即可绘制圆弧。

◆ "半宽(H)":用于确定圆弧的线宽,即所设值为多段线宽度的一半。

◆ "直线(L)":将多段线命令由绘制圆弧方式切换到直线方式。

◆ "半径(R)":指定半径绘制圆弧。该选项需要输入圆弧的半径,并通过指定端点和包含角中的一个条件来绘制圆弧。

◆ "第二个点(S)":采用三点绘制圆弧方式,要求指定圆弧上的第二个点。

◆ "放弃(U)":取消上一段绘制的圆弧,以方便及时修改绘图过程中所出现的错误。

◆ "宽度(W)":用于确定圆弧的起点与终点线宽。

③ "长度(L)":指定所绘制直线的长度。此时,AutoCAD 将以该长度沿着上一段直线的方向绘制直线段。如果前一段线对象是圆弧,则该段直线的方向为上一圆弧端点的切线方向。

④ 其余选项含义与绘制圆弧命令的同类选项相同。

注意:在绘制多段线时,若设线宽为"0",则所绘出多段线的线宽将"随层"。

【例 2-4】 使用"多段线"命令绘制如图 2-26 所示的二极管符号。

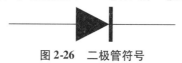

图 2-26 二极管符号

绘图步骤如下:
在"绘图"工具栏中单击"多段线"按钮,系统提示如下:
指定起点:(用鼠标左键指定多段线起点)
指定下一个点或[圆弧(A)/半宽(H)/长度(L)/放弃(U)/宽度(W)]:@20,0↙(输入
　　多段线的下一点坐标画第一段线)
指定下一个点或[圆弧(A)/半宽(H)/长度(L)/放弃(U)/宽度(W)]:W↙(选择宽度选项)
指定起点宽度<0.0000>:10↙(输入多段线的起点宽度值10)
指定端点宽度<10.0000>:0↙(输入多段线的端点宽度值0)
指定下一个点或[圆弧(A)/闭合(C)/半宽(H)/长度(L)/放弃(U)/宽度(W)]:@10,0
　　↙(输入多段线的下一点画第二段线)
指定下一个点或[圆弧(A)/闭合(C)/半宽(H)/长度(L)/放弃(U)/宽度(W)]:W↙
　　(选定宽度选项)
指定起点宽度<0.0000>:10↙(输入多段线的起点宽度值10)
指定端点宽度<10.0000>:10↙(输入多段线的端点宽度值或直接按回车键)
指定下一个点或[圆弧(A)/闭合(C)/半宽(H)/长度(L)/放弃(U)/宽度(W)]:@1,0
　　↙(输入多段线的下一点画第三段线)
指定下一点或[圆弧(A)/闭合(C)/半宽(H)/长度(L)/放弃(U)/宽度(W)]:W↙(选
　　择宽度选项)

指定起点宽度<10.0000>:0 ↵

指定端点宽度<0.0000>:0 ↵

指定下一个点或[圆弧(A)/闭合(C)/半宽(H)/长度(L)/放弃(U)/宽度(W)]:@20,0 ↵（输入多段线的下一点画第四段线）

指定下一个点或[圆弧(A)/闭合(C)/半宽(H)/长度(L)/放弃(U)/宽度(W)]:↵（结束操作）

第十节 构造线(XLINE)的绘制命令

构造线是两端可以无限延长的直线，一般用作绘图的辅助线。在绘制机械或建筑工程图样时，可用该命令绘制长对正、高平齐和宽相等的辅助作图线。其命令调用方法有以下三种。

◆ 命令行输入:XLINE 或 XL。

◆ "绘图"或"功能区"工具栏:单击"绘图"或"功能区"工具栏中的 按钮。

◆ "绘图"菜单:选择"绘图"菜单中的"构造线"子菜单。

执行"构造线"命令后，命令行出现如下提示信息：

_xline 指定点或[水平(H)/垂直(V)/角度(A)/二等分(B)/偏移(O)]：

此时，选择不同的选项可进入不同的绘制方式。

1. 指定点

该选项为默认项，通过指定构造线通过的两点来绘制构造线。可以绘制一条或一组穿过起点和各通过点的构造线。

2. 水平(H)

可绘制一条或一组通过指定点的水平方向构造线。

3. 垂直(V)

可绘制一条或一组通过指定点的垂直方向构造线。

4. 角度(A)

可绘制一条或一组与 X 轴正方向或已有直线间的夹角为指定角度的构造线。

5. 二等分(B)

绘制构造线，使它通过指定的角顶点，且平分由顶点和另外两点(起点和端点)所确定的角，即构造线平分由三点确定的角。

6. 偏移(O)

可绘制与选定直线平行的构造线。

实训二 实体绘图命令与简单图形练习

练习1：对象的等分，点的样式与大小的改变。

打开配套教学素材中"上机实训用图\实训二"目录下的"2-1.dwg"图形文件。

① 打开"点样式"对话框，选择一种可见的点样式。

② 将弧 AB 八等分,按(b)图形状画全(a)图(连线时,注意使用节点与交点捕捉方式)。
③ 打开"点样式"对话框,练习点的大小的改变。
④ 打开"点样式"对话框,把点的样式设为不可见。

练习2:画圆练习。

打开配套教学素材中"上机实训用图\实训二"目录下的"2-2.dwg"图形文件。

① 在(a)图中画外切圆。
② 在(b)图中画内、外切圆。
③ 在(c)图中画内切圆。
④ 在(d)图中画公切圆。
⑤ 在(e)图中通过三点画圆。
⑥ 在(f)图中以 A、B 两点为直径端点画圆。
⑦ 在(g)图中分别以半径 15、直径 50 画圆。

练习3:画椭圆练习。

打开配套教学素材中"上机实训用图\实训二"目录下的"2-3.dwg"图形文件。

① 在(a)图中以长、短轴端点画椭圆。
② 在(b)图中以椭圆中心与长、短轴端点画椭圆。
③ 在(c)图中以长轴端点与旋转 30°画椭圆。

练习4:画矩形练习。

打开配套教学素材中"上机实训用图\实训二"目录下的"2-4.dwg"图形文件。

① 在(a)图中通过 1、2 两点画矩形。
② 在(b)图中通过 1 点,以长 70、宽 50 画矩形。
③ 在(c)图中通过 1、2 两点画带倒角为 8 的矩形。
④ 在(d)图中通过 1、2 两点画带圆角半径为 7 的矩形。

练习5:画正多边形练习。

打开配套教学素材中"上机实训用图\实训二"目录下的"2-5.dwg"图形文件。

① 在(a)图中以中心、"内接于圆"方式画正五边形。
② 在(b)图中以中心、"外切于圆"方式画正六边形。
③ 在(c)图中通过 1、2 两点、以"边"的方式画正八边形。

练习6:样条曲线画法练习。

打开配套教学素材中"上机实训用图\实训二"目录下的"2-6.dwg"图形文件,按照(a)图画出(b)图相应位置的波浪线。

练习7:多段线画法练习。

打开配套教学素材中"上机实训用图\实训二"目录下的"2-7.dwg"图形文件,按照(a)图尺寸在(b)图位置画出相同的图形。

练习8:构造线画法练习。

打开配套教学素材中"上机实训用图\实训二"目录下的"2-8.dwg"图形文件。

① 在(a)图中过点 A 画水平构造线。
② 在(b)图中过点 B 画竖直构造线。
③ 在(c)图中过点 C 画 60°构造线。
④ 在(d)图中画∠MON 的角平分构造线。

⑤ 在(e)图中过点 E 画与 KL 平行的构造线。

练习9：简单平面图形综合练习。

打开配套教学素材中"上机实训用图\实训二"目录下的"2-9.dwg"图形文件，绘制如图 2-27 所示的图形。

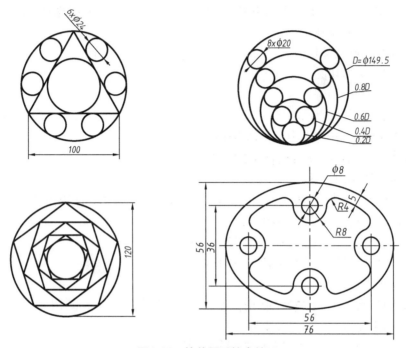

图 2-27　简单图形综合练习

第三章

精确绘图辅助工具

主要学习目标

◆ 熟练掌握捕捉和栅格、正交和极轴、对象捕捉和对象追踪等 AutoCAD 2020 精确绘图辅助工具的使用方法。

◆ 掌握绘制简单形体三视图的基本方法。

在绘图时,灵活运用 AutoCAD 所提供的绘图辅助工具进行准确定位,可以有效地提高绘图的精确性和效率。在中文版 AutoCAD 2020 中,用户可以使用系统提供的栅格和捕捉、正交与极轴、对象捕捉、对象追踪等功能,无须从键盘上输入点的坐标,就可按尺寸绘制图形,并能快速、精确地绘制图形。

第一节 捕捉模式和栅格显示

一、捕捉模式(SNAP)

捕捉模式用于设定光标移动的间距(步长),使鼠标所指定的点都落在栅格捕捉间距所定的点上,以便准确绘图。

1. 打开或关闭捕捉模式

一般使用以下两种方式:

◆ 在状态栏中单击"捕捉模式"按钮 。

◆ 按【F9】功能键,可切换打开与关闭捕捉模式。

2. 设置捕捉参数

捕捉参数的设置是在"草图设置"对话框的"捕捉和栅格"选项卡中进行的(图3-1)。打开"草图设置"对话框的方法主要有以下两种。

◆ "工具"菜单:选择"工具"菜单中的"绘图设置"命令。

◆ 右击状态栏中的"捕捉模式"按钮 ,在弹出的快捷菜单中选择"捕捉设置"命令。

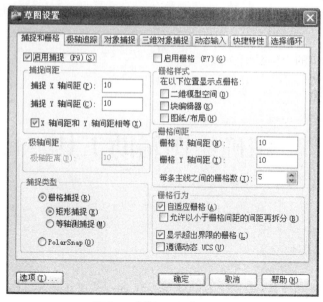

图 3-1 "草图设置"对话框

"捕捉和栅格"选项卡下有关捕捉模式各选项的功能设置如下。

① "启用捕捉"复选框：打开或关闭捕捉方式。

② 捕捉间距：用于设置 X、Y 轴的捕捉间距。

③ 捕捉类型：捕捉类型包括"栅格捕捉"和"PolarSnap"（极轴捕捉）。其中"栅格捕捉"包括"矩形捕捉"和"等轴测捕捉"。当选中"矩形捕捉"模式时，光标可以捕捉一个矩形栅格，此模式为标准模式；当选中"等轴测捕捉"模式时，光标将捕捉到一个等轴测栅格，它是为绘制正等轴测图而设计的栅格捕捉。当选中"PolarSnap"类型时，可在"极轴间距"选项区中设置极轴捕捉间距。

二、栅格显示（GRID）

栅格是绘图区具有一定间距的坐标网格（图 3-2）。使用栅格类似于在图形下放置一张坐标纸，利用栅格可以对齐对象并直观显示对象之间的距离。栅格是一种视觉辅助工具，不是图形的一部分，所以当输出图形时不会被打印。在精确绘图时，通常将捕捉与栅格配合起来使用。

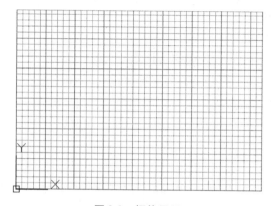

图 3-2 栅格显示

1. 打开或关闭栅格显示功能

一般使用以下两种方式：

◆ 单击状态栏中的"栅格"开关按钮。

◆ 按【F7】功能键，可在打开与关闭栅格模式间切换。

2. 设置栅格参数

栅格参数的设置同捕捉模式的参数设置一样，也是在"草图设置"对话框的"捕捉和栅格"选项卡中进行的(图3-1)。选项卡中有关栅格显示各选项的功能设置如下。

① "启用栅格"复选框：用于打开或关闭栅格的显示。

② 栅格样式：AutoCAD 2020 有两种栅格样式，一种为点栅格样式，另一种为矩形栅格样式。选择"二维模型空间"为点栅格样式，否则为矩形栅格样式。

③ 栅格间距：设置栅格间距。栅格间距与捕捉间距的值可以相同，也可以不同。一般栅格间距是捕捉间距的整数倍。

④ 栅格行为：当各复选框均不选中时，如果设置 X 轴和 Y 轴方向的栅格间距太密，则栅格不能显示；栅格只能在"图形界限"(limits)命令设置的范围内显示。

选中"自适应栅格"复选框，当设置的栅格间距太密时，将自动调整显示间距。

选中"显示超出界限的栅格"复选框，可显示"图形界限"(limits)命令设置范围之外的栅格。

【例3-1】 利用"捕捉模式和栅格显示"功能绘制如图 3-3 所示的平面图形。

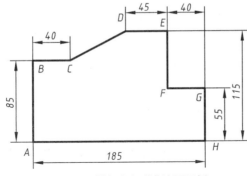

图 3-3 "捕捉与栅格"绘图示例

由图 3-3 可以看出，各尺寸均为 5 的倍数。利用"捕捉和栅格"功能，可以方便地绘制出此图形。

作图步骤如下：

① 设置"捕捉和栅格"间距。

打开"草图设置"对话框，在"捕捉和栅格"选项卡中，分别将"捕捉间距"和"栅格间距"设置为"5"，将"捕捉类型"设置为"矩形捕捉"，单击"确定"按钮，关闭"草图设置"对话框，并启用捕捉和栅格功能(在状态栏上按下"捕捉"和"栅格"按钮即可)。

② 绘制 AHGFED 折线。

执行 LINE 命令，AutoCAD 提示：

指定第一个点：(在适当位置任意捕捉一栅格点作为图形的左下角点 A)

按图中尺寸 185、55、115、40、45 控制鼠标光标捕捉相应栅格点，依次绘制 AHGFED 折线。

③ 绘制 ABC 折线。

重新输入 LINE 命令，用类似的方法按图中尺寸 85、40 从 A 点开始依次绘制 ABC 折线。

④ 使用 LINE 命令连接 CD,即可绘制出图形。

【例 3-2】 利用"等轴测捕捉"方式绘制如图 3-4(a)所示的正等轴测图。

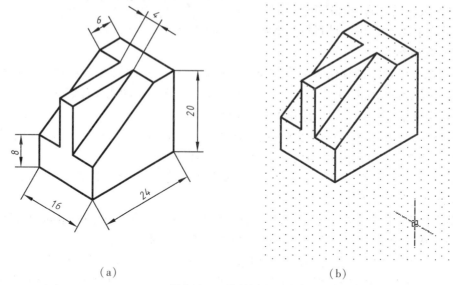

(a)　　　　　　　　　　　　(b)

图 3-4　正等轴测图画法

打开配套教学素材中"课堂教学用图\第三章"目录下的"3-4.dwg"图形文件,其操作步骤如下:

① 打开"草图设置"对话框,在"捕捉和栅格"选项卡中把捕捉和栅格的 X,Y 轴间距设置为 2。

② 继续在"捕捉和栅格"选项卡中把"捕捉类型"设置为"栅格捕捉"的"等轴测捕捉"模式。

③ 继续在"捕捉和栅格"选项卡中把"栅格样式"设置为"二维模型空间"。

④ 把捕捉、栅格置于打开状态。

⑤ 按图中尺寸沿 X_1、Y_1、Z_1 三个方向捕捉栅格点进行绘图,如图 3-4(b)所示。

第二节　正交模式和极轴追踪

一、正交模式(ORTHO)

在正交模式处于打开状态下,可以方便地绘制出与当前 X 轴或 Y 轴平行的线段。通常打开与关闭正交模式的切换方法有以下三种:

◆ 单击状态栏中的"正交"按钮 。

◆ 按【F8】功能键。

◆ 从键盘输入"ORTHO"命令,进行"ON"与"OFF"选项操作。

打开正交功能后,绘制直线时,当指定了线的起点并移动光标确定直线的另一端点时,引出的橡皮筋线已不再是这两点之间的连线,而是从起点到光标点引出的水平或垂直线中较长的那段线,此时单击鼠标拾取键,橡皮筋线就变成所绘直线。在正交模式下绘出的直线通常是水平线或垂直线。

如果关闭正交模式,当指定直线的起点并通过移动光标的方式确定直线的另一端点时,引出的橡皮筋线又恢复成起点与光标点间的连线,此时单击鼠标拾取键,橡皮筋线就变成所绘直线。

注意:从键盘输入点的坐标或用对象捕捉来确定点时不受正交模式的影响。

二、极轴追踪

创建或修改对象时,可使用"极轴追踪"。极轴追踪是指在绘图中,当指定了一点而确定另一点时,如果拖动光标,当光标接近预先设定的方向(极轴追踪方向)时,AutoCAD 会自动将橡皮筋线吸附到该方向,同时从前一点沿该方向显示出一条极轴追踪矢量,并浮出标签,说明当前光标位置相对于前一点的极坐标,如图 3-5 所示。

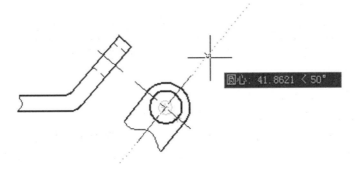

图 3-5　显示极轴追踪矢量

从图 3-5 可以看出,当前光标位置相对于前一点的极坐标值为 41.862 1 < 50°,即两点之间的距离为 41.862 1,极轴追踪矢量与 X 轴正方向的夹角为 50°。此时单击鼠标左键,系统会将该点作为绘图所需点;如果直接输入一个数值(如输入"80")后按回车键,系统会沿极轴追踪矢量方向按此长度值确定出点的位置;如果沿极轴追踪矢量方向拖动鼠标,AutoCAD 会通过浮出的标签动态显示出沿极轴追踪矢量方向的光标坐标值(即显示"距离 < 角度")。

1. 极轴追踪的设置

设置极轴追踪的方法有以下两种。

◆ 右击状态栏上的"极轴"按钮 ![按钮], 从弹出的快捷菜单中选择"设置"命令,在打开的"草图设置"对话框中选中"极轴追踪"选项卡,如图 3-6 所示。

◆ 选择"工具"菜单中的"绘图设置"命令,在打开的对话框中选中"极轴追踪"选项卡。

图 3-6 "草图设置"对话框中的"极轴追踪"选项卡

"极轴追踪"选项卡中各选项的功能如下。

① "极轴角设置"区:用于确定极轴追踪的追踪方向。可在"增量角"下拉列表中选择一个角度值,也可输入一个任意角度。例如,如果增量角为 15,表示 AutoCAD 将在 0°、15°、30°、45°等以 15°为角度增量的方向进行极轴追踪。也可选中"附加角"复选框,单击"新建"按钮,在"附加角"复选框下方的列表框中输入一个或多个新角度值,为极轴追踪设置一些有效的附加角度,所设的附加角度将使 AutoCAD 在此角度线上进行极轴追踪。单击"删除"按钮,可删除已有的附加角度。

② "对象捕捉追踪设置"区:用于设置对象捕捉追踪的模式。选择"仅正交追踪"选项,表示启用对象捕捉追踪后,仅显示水平和竖直追踪方向;选择"用所有极轴角设置追踪"选项,表示如果启用了对象捕捉追踪,当指定追踪点后,可显示极轴追踪所设的所有追踪方向。

③ "极轴角测量"区:用于设置测量极轴追踪角度的参考基准。选中"绝对"单选项,表示极轴追踪角度以当前用户坐标系(UCS)为参考基准。选中"相对上一段"单选项,表示极轴追踪角度以最后绘制的实体为参考基准。

2. 极轴追踪打开与关闭的切换方法

◆ 在"极轴追踪"选项卡中选中"启用极轴追踪"复选框。
◆ 单击状态栏中的"极轴追踪"开关按钮。
◆ 按【F10】功能键。

注意:启用极轴追踪功能后,如果在"捕捉和栅格"选项卡中选用"PolarSnap",并通过"极轴距离"文本框设置了距离值,同时启用了"捕捉"功能(单击状态栏中的"捕捉"按钮实现),那么当光标沿极轴追踪方向移动时,光标将以"极轴距离"文本框中设置的距离值为步距移动。

【例 3-3】 利用极轴追踪功能绘制如图 3-7 所示的图形。

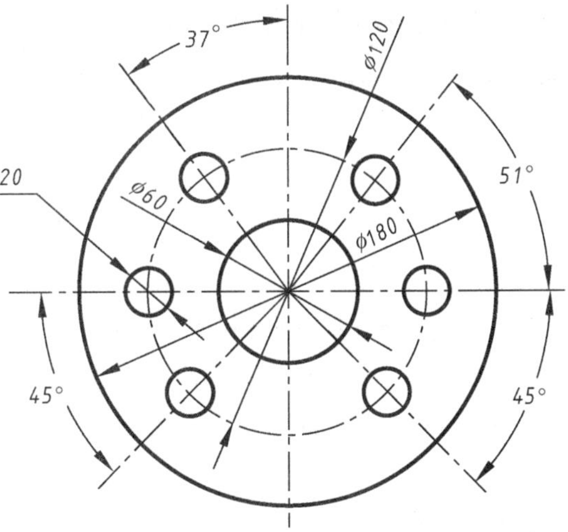

图 3-7 "极轴追踪"示例图

从图 3-7 可以看出,六个小圆的位置处于不同方向的直线与 $\phi 120$ 圆的交点上。利用极轴追踪功能,可以方便地绘制出此图形。

作图步骤如下:

① 设置极轴追踪。

打开"草图设置"对话框,在"极轴追踪"选项卡中,将"增量角"设为"15";选中"附加角"复选框,单击"新建"按钮,设置 51、127 两个附加角;在"对象捕捉追踪设置"区选择"用所有极轴角设置追踪"选项,如图 3-6 所示。单击"确定"按钮,关闭"草图设置"对话框,并启用极轴追踪功能(在状态栏中按下"极轴追踪"按钮即可)。

② 绘制定位线。

输入"LINE"命令,利用极轴追踪功能依次绘制图中各种方向的点画线;输入"CIRCLE"命令,绘制 $\phi 120$ 的点画线圆。

③ 绘制轮廓线。

输入"CIRCLE"命令,依次绘制 $\phi 60$、$\phi 180$ 和六个 $\phi 20$ 粗实线圆。

第三节 对象捕捉

在绘制图形时,我们常常需要准确地找到对象上的某些特殊点(如直线的端点,圆与圆弧的圆心、切点等),以便快速、准确地绘制图形。为了解决这样的问题,AutoCAD 提供了捕捉这些特殊点的功能,即对象捕捉。使用对象捕捉可以迅速定位对象上特殊点的精确位置,而不必知道点的坐标。例如,要确定某两条线的交点,激活捕捉对象功能后,只要将光标移到该点附近,系统会自动捕捉到这个点,同时显示出标记,单击鼠标左键即可确定。

一、单点捕捉(临时捕捉)

单点捕捉是指在绘图或编辑过程中,当系统提示输入点时,临时启用对象捕捉功能,对单一对象进行捕捉的方式。该方式仅对本次捕捉点有效,捕捉后将自动关闭捕捉功能。单点对象捕捉功能可从"对象捕捉"工具栏中选择,该工具栏的打开方式有如下两种:

◆ 在任一工具栏中单击鼠标右键,在弹出的快捷菜单中选取"对象捕捉"命令,即可弹出"对象捕捉"工具栏,如图3-8所示。

◆ 执行"工具"→"工具栏"→"AutoCAD"命令,可打开"对象捕捉"工具栏。

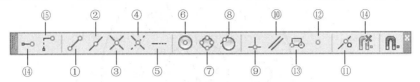

图3-8 "对象捕捉"工具栏

在图形的绘制与编辑过程中,当命令行中出现指定点的提示时,在"对象捕捉"工具栏中单击相应的特征点按钮,再把光标移到要捕捉对象上的特征点附近,即可捕捉到相应的对象特征点。

工具栏中各特征点的功能如下。

① 端点捕捉:用于捕捉直线段、圆弧、多段线等实体上离光标最近的端点。在选择此选项后,移动光标到要捕捉对象的端点附近,AutoCAD会自动捕捉到端点,并出现小矩形标记,同时浮出"端点"标签,此时单击鼠标左键就可选定该点,如图3-9所示。如果在光标附近有几个对象的端点,那么AutoCAD将捕捉最靠近光标的对象端点。

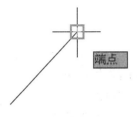

图3-9 捕捉到端点

② 中点捕捉:用于捕捉直线段、多段线、圆弧等实体的中点。

③ 交点捕捉:用于捕捉直线段、圆弧、圆等实体的交点。

④ 外观交点捕捉:用于捕捉直线段、圆弧、圆、椭圆等实体的外观交点,即对象本身之间没有交点,而是捕捉时假想将对象延伸之后的交点。

⑤ 延长线捕捉:用于捕捉已有直线段、圆弧等延长线上的对应点。捕捉此点前,应先将光标移到该实体上的某端点处,出现"＋"后,将光标移到该实体的延长线上,出现路径后单击鼠标左键确定对应点(也可以通过输入与已有端点之间的距离来确定对应点),如图3-10所示。

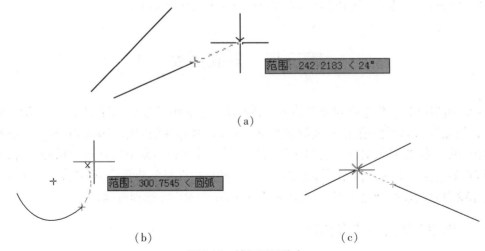

图3-10 捕捉到延伸点

图3-10(a)中浮出的标签说明当前光标位置与直线端点之间的距离及直线的角度,图3-10(b)中浮出的标签说明当前光标位置与圆弧端点之间的弧长,图3-10(c)显示交点捕

捉与延长线捕捉相配合可捕捉线的延长线与另一线的交点。

⑥ 圆心捕捉:用于捕捉圆、圆弧和椭圆的圆心。

⑦ 象限点捕捉:用于捕捉圆、圆弧、椭圆或椭圆弧上的象限点,即位于 0°,90°,180°和 270°上的点。与其对应的标记如图 3-11 所示。

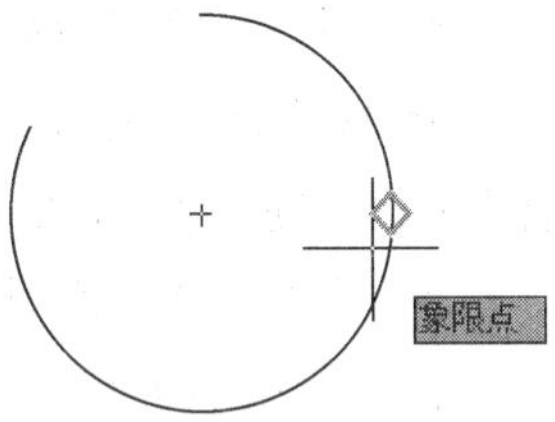

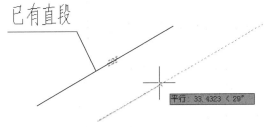

图 3-11　捕捉到象限点

⑧ 切点捕捉:用于捕捉圆、圆弧、椭圆等的切点。

⑨ 垂足捕捉:用于捕捉所画线段与某直线段、圆、圆弧、椭圆、多段线、样条曲线垂直的点(法线上的点)。

⑩ 平行捕捉:用于绘制与某已有直线平行的线。如图 3-12 所示,如果绘制过一点与已知直线平行的直线,首先确定该点,然后将光标移到已有的指定直线上稍作停留,该直线上会出现一个平行线符号,然后移动光标到要画平行线的位置,如果要画直线与指定的直线平行,会显示一条辅助线,沿辅助线方向移动鼠标,到合适位置时单击鼠标拾取键即可。

图 3-12　捕捉到平行线

⑪ 最近点捕捉:用于捕捉图形对象上与光标最接近的点。

⑫ 节点捕捉:用于捕捉由 POINT(点)、DIVIDE(定点等分)和 MEASURE(定距等分)命令绘制的点。

⑬ 插入捕捉:捕捉图块、外部参照、属性、属性定义或文本对象的插入点。

⑭ 临时追踪点:创建对象捕捉所使用的临时点。可在一次操作中创建多条追踪线,并根据这些追踪线确定所要定位的点。

⑮ 捕捉自:在命令中获取某个点相对于参照点的偏移。在使用相对坐标指定下一个应用点时,"捕捉自"工具可以提示输入基点,并将该点作为临时参照点,这与通过输入前缀@使用最后一个点作为参照点类似。它不是对象捕捉模式,但经常与对象捕捉一起使用。

⑯ 无捕捉:禁止对当前选择执行对象捕捉。

二、自动捕捉(运行捕捉)

由前面的介绍可知,单点对象捕捉方式是选择一次捕捉模式,只捕捉一个点。在绘图时有时需要频繁地捕捉一些相同类型的特殊点,此时如果仍用单点对象捕捉方式来捕捉这些点,则需要频繁地单击"对象捕捉"工具栏中的对应按钮或单击快捷菜单中的对应项来执行操作,这样会浪费时间。为了避免出现这类问题,AutoCAD 提供了自动对象捕捉功能。自动捕捉是固定在一种或数种捕捉方式下,使 AutoCAD 自动捕捉到所设置方式下对象的特殊点。打开它可一直执行所设置方式的捕捉,直至关闭。

固定对象捕捉方式的设置是通过"草图设置"对话框的"对象捕捉"选项卡来进行的,如图 3-13 所示。其打开方法有以下四种。

◆ 键盘输入:OSNAP 或 OS。

◆ "工具"菜单:执行"工具"→"绘图设置"→"对象捕捉"命令。

◆ 快捷方式:用鼠标右键单击状态栏上的"对象捕捉"按钮 ▭,在弹出的快捷菜单中选择"对象捕捉设置"命令。

◆ 工具栏:单击"对象捕捉"工具栏中的"设置"按钮 ▯。

在此选项卡中有13种固定捕捉方式,与单点对象捕捉方式相同。可以从中选择一种或几种绘图时常用的对象捕捉方式,如图3-13所示,选中了"端点""圆心""交点""延长线"四种捕捉方式,然后单击"确定"按钮,被选中的四种方式即成为自动捕捉方式。

若单击"全部选择"按钮,13种捕捉方式将全被选中(很少这样用)。单击"全部清除"按钮,即可清除掉所有选择。

用鼠标右键单击状态栏中的"对象捕捉"按钮 ▭,在弹出的快捷菜单中可随时打开与关闭各种捕捉方式,如图3-14所示。

图3-13 "草图设置"对话框中的"对象捕捉"选项卡   图3-14 "对象捕捉"快捷菜单

当命令行提示输入点,而"对象捕捉"也处于打开状态时,移动鼠标,当光标移动到对象上符合设置条件的几何特征点时,AutoCAD不仅会自动捕捉实体上的特征点,而且还显示相应的标记。各捕捉方式的标记与图3-13中各捕捉方式的图标是相同的,绘图时应熟悉这些标记。

用AutoCAD绘图时,经常会出现这种情况:当AutoCAD提示确定点时,用户希望通过鼠标来拾取屏幕上的某一点,但由于拾取点与某些图形对象特征点距离很近,因而得到的点并不是所想拾取的那一点,而是已有对象上的某一特殊点,如端点、中点、圆心等。造成这种结果的原因是启用了自动对象捕捉功能,使AutoCAD自动捕捉到默认捕捉点。因此,在绘图时可根据需要随时打开或关闭自动捕捉模式。

随时打开与关闭自动对象捕捉一般使用以下两种方式。

◆ 单击状态栏中的"对象捕捉"开关按钮。

◆ 按【F3】键。

第四节 对象捕捉追踪

对象捕捉追踪是"对象捕捉"和"极轴追踪"的综合,是从捕捉到对象上的特征点开始沿设定的方向追踪定点。使用"对象捕捉追踪"功能时,必须打开一个或多个对象捕捉方式,且"对象捕捉"和"对象追踪"功能同时处于打开状态。

打开与关闭对象捕捉追踪的方式有以下两种。

◆ 单击状态栏中的"对象追踪"按钮 ∠。
◆ 按【F11】键。

使用对象捕捉追踪功能的步骤如下:

① 调用一个要求输入点的绘图命令或编辑命令。

② 移动光标到一个对象捕捉点,等待显示"＋"号(此时不要按下左键),表示已获取该捕捉点。用同样的方法可以获取其他需要的捕捉点。

注:若要清除已得到的捕捉点,可以将光标移回到已获取的标记上,AutoCAD 会自动清除该点的获取标记。

③ 从获取点移动光标,将基于获取点显示对齐路径(临时的虚线,光标能够沿着该线追踪)。

④ 沿显示的对齐路径移动光标,追踪到所希望的点。

【例3-4】 如图 3-15(b)所示,通过已知矩形的中心画半径为 15 的圆。

打开配套教学素材中"课堂教学用图\第三章"目录下的"3-15.dwg"图形文件,其操作步骤如下:

① 在"草图设置"对话框的"对象捕捉"选项卡中,选择"中点"捕捉模式;在"极轴追踪"选项卡中的"对象捕捉追踪设置"区中选中"仅正交追踪";并使状态栏中"对象捕捉"和"对象捕捉追踪"同时处于打开模式。

② 输入画圆命令。

③ 将光标移到矩形右边中点附近,直到显示中点标记。

④ 再将光标移到矩形上边中点附近,直到显示中点标记,然后向下沿垂直追踪参照线移动鼠标。

⑤ 当光标移到矩形中心附近时,显示从两中点出发的两条追踪参照线,并在两条线的交点处显示"＋"号,如图3-15(a)所示,单击鼠标左键,即可确定圆点位置,输入半径15,就可画出所需要的圆。

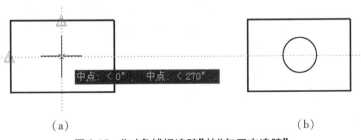

(a)　　　　　　　　　　　　(b)

图 3-15 "对象捕捉追踪"的"仅正交追踪"

【例 3-5】 如图 3-16(b)所示,通过已知矩形左上角与左下角平分线的交点画半径为 15 的圆。

打开配套教学素材中"课堂教学用图\第三章"目录下的"3-16.dwg"图形文件,其操作步骤如下:

① 在"草图设置"对话框的"对象捕捉"选项卡中,选择"端点"或"交点"捕捉模式;在"极轴追踪"选项卡中,把极轴增量角设置为 45°,在"对象捕捉追踪设置"区中选中"用所有极轴角设置追踪";并使状态栏中"对象捕捉"和"对象捕捉追踪"同时处于打开模式。

② 输入绘圆命令。

③ 将光标移到矩形左上角附近,直到显示端点或交点标记。

④ 再将光标移到矩形左下角附近,直到显示端点或交点标记,然后向下沿垂直追踪参照线移动鼠标。

⑤ 当光标移到两角平分线附近时,显示从两角平分线出发的两条追踪参照线,并在两条线的交点处显示"+"号,如图 3-16(a)所示,单击鼠标左键,即可确定圆心点位置,输入半径 15,就可画出所需要的圆。

(a)   (b)

图 3-16 "对象捕捉追踪"的"用所有极轴角设置追踪"

【例 3-6】 如图 3-17(a)所示,应用辅助绘图工具,根据已知的两视图补画左视图。

打开配套教学素材中"课堂教学用图\第三章"目录下的"3-17.dwg"图形文件,其操作步骤如下:

① 在"草图设置"对话框的"对象捕捉"选项卡中,选择"端点""交点"捕捉模式;在"极轴追踪"选项卡中,把极轴增量角设置为 45°;在"对象捕捉追踪设置"区中选中"仅正交追踪";并使状态栏中"对象捕捉"和"对象追踪"同时处于打开模式。

② 使用"对象捕捉追踪"功能画左视图的两条基准线,如图 3-17(b)所示。

③ 打开极轴追踪,画 45°斜线,然后关闭极轴追踪模式。

④ 利用 45°斜线与"对象捕捉追踪"按"宽相等"的视图关系画出竖向三条作图辅助线(用 XLINE 命令画构造线);利用"对象捕捉追踪"按"高平齐"的视图关系画出水平的三条作图辅助线,如图 3-17(c)所示。

⑤ 利用"对象捕捉追踪"画出左视图中的可见轮廓线与点画线,擦除辅助线或关闭辅助线所在的图层,如图 3-17(d)所示。

⑥ 利用相同的方法画出左视图中的虚线,完成全图。

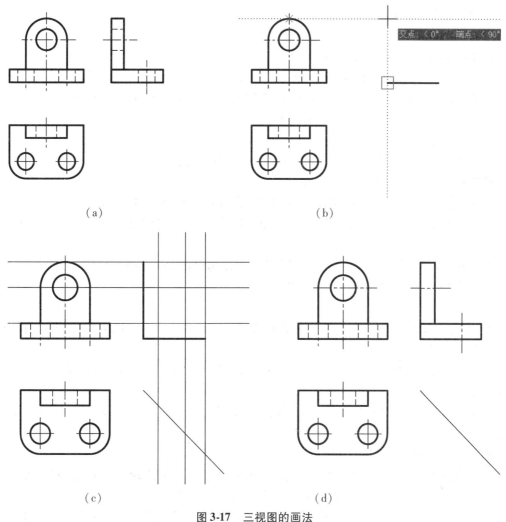

图 3-17 三视图的画法

实训三 绘图辅助工具与简单形体三视图绘制练习

练习1：捕捉、栅格间距设置与绘图练习。

打开配套教学素材中"上机实训用图\实训三"目录下的"3-1.dwg"图形文件。

① 在"草图设置"对话框的"捕捉和栅格"选项卡中设置捕捉与栅格的 X、Y 轴间距为5。
② 打开捕捉、栅格模式。
③ 按图(a)尺寸在图(b)的上方画出图形。

练习2：等轴测捕捉、栅格设置与绘图练习。

打开配套教学素材中"上机实训用图\实训三"目录下的"3-2.dwg"图形文件。

① 在"草图设置"对话框的"捕捉和栅格"选项卡中设置捕捉与栅格的 X、Y 轴间距为2。
② 继续在"捕捉和栅格"选项卡中把"捕捉类型"设置为"等轴测捕捉"。
③ 在"栅格样式"区选中"二维模型空间"复选框,单击"确定"按钮,关闭"草图设置"对话框。

④ 打开捕捉、栅格模式。

⑤ 按图(a)尺寸在图(b)的上方画出图形。

练习3：极轴追踪设置与绘图练习。

打开配套教学素材中"上机实训用图\实训三"目录下的"3-3.dwg"图形文件。

① 在"草图设置"对话框的"极轴追踪"选项卡中，把极轴增量角设置为15°。

② 在"极轴追踪"选项卡中新建附加角51°。

③ 打开极轴追踪模式。

④ 按图(a)尺寸在图(b)的上方画出图形(建议从 A 点画起)。

练习4：捕捉、栅格、极轴综合练习。

打开配套教学素材中"上机实训用图\实训三"目录下的"3-4.dwg"图形文件。

① 在"草图设置"对话框的"捕捉和栅格"选项卡中把捕捉与栅格的 X、Y 轴间距设置为1。

② 根据情况在"极轴追踪"选项卡中把极轴增量角设置为一定值。

③ 按图(a)尺寸在图(b)的上方画出各图形符号。

练习5：对象捕捉练习。

① 打开配套教学素材中"上机实训用图\实训三"目录下的"3-5-1.dwg"图形文件，画圆的公切线、连心线。

② 打开配套教学素材中"上机实训用图\实训三"目录下的"3-5-2.dwg"图形文件，连接各点成封闭的平面图形。

③ 打开配套教学素材中"上机实训用图\实训三"目录下的"3-5-3.dwg"图形文件，过点 A 作直线 AN 与 BC 垂直、作直线 AM 与 DE 平行。

练习6：对象捕捉追踪练习。

① 打开配套教学素材中"上机实训用图\实训三"目录下的"3-6-1.dwg"图形文件，选择"仅正交追踪"模式，在左图中追踪两直线的端点为圆心画圆，半径为8。

② 打开配套教学素材中"上机实训用图\实训三"目录下的"3-6-2.dwg"图形文件，选择"用所有极轴角设置追踪"模式，以矩形左侧两角平分线的交点为圆心画圆，半径为20。

练习7：补画视图练习。

① 打开配套教学素材中"上机实训用图\实训三"目录下的"3-7-1.dwg"图形文件，按图(b)在图(a)中画出符合三等关系的左视图。

② 打开配套教学素材中"上机实训用图\实训三"目录下的"3-7-2.dwg"图形文件，按图(b)在图(a)中画出符合三等关系的左视图。

③ 打开配套教学素材中"上机实训用图\实训三"目录下的"3-7-3.dwg"图形文件，按图(b)在图(a)中画出符合三等关系的左视图。

练习8：三视图画法综合练习。

打开配套教学素材中"上机实训用图\实训二"目录下的"3-8.dwg"图形文件，绘制如图3-18所示的三视图。

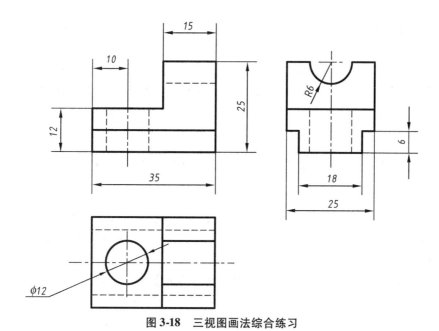

图 3-18 三视图画法综合练习

第四章

图形编辑命令

 主要学习目标

- ◆ 熟练掌握 AutoCAD 2020 常用图形编辑命令的功能与操作方法。
- ◆ 能熟练使用 AutoCAD 图形编辑命令，绘制工程上常见的平面图形。

在 AutoCAD 中，单纯使用绘图工具或绘图命令只能绘制一些简单的图形对象。为了绘制复杂图形，AutoCAD 2020 提供了强大的图形编辑命令，如复制、移动、旋转、镜像、偏移、阵列、拉伸及修剪等。使用这些命令，不仅可以绘制复杂的图形，而且可以大大提高绘图速度。

第一节 编辑对象的选择方式

在对图形进行编辑之前，首先要选择编辑的对象，然后才能进行编辑操作。AutoCAD 所选择对象的颜色，所选中对象的集合构成了"选择集"。选择集可以包含单个对象，也可以包含复杂的对象编组。选择"工具"菜单中的"选项"命令，打开"选项"对话框，如图 4-1 所示。在"选择集"选项卡中，可设置选择模式、拾取框的大小及夹点功能等。

在 AutoCAD 中，当用户执行某一编辑命令进行编辑操作时，系统首先提示"选择对象："，同时光标由十字变为小方框，称之为拾取框。为了提高绘图效率，AutoCAD 提供了多种选择对象的方法。

在命令行的"选择对象："提示下，可直接输入一种选择方式进行对象选择，也可以输入"?"在系统的提示下进行选择。当输入"?"时，系统将作如下提示：

需要点或窗口（W）/上一个（L）/窗交（C）/框（BOX）/全部（ALL）/栏选（F）/圈围（WP）/圈交（CP）/编组（G）/添加（A）/删除（R）/多个（M）/前一个（P）/放弃（U）/自动（AU）/单个（SI）/子对象（SU）/对象（O）

根据提示信息，输入其中的大写字母即可指定对象选择模式。例如，要设置交叉窗口的选择模式，在命令行的"选择对象："提示下输入 C 即可。常用选项及功能如下：

① 对象（O）：默认方式。可以直接选择对象。在"选择对象："提示下直接移动鼠标，使对象拾取框移到所选择的实体上并单击鼠标左键，该实体变成虚像显示，即被选中。该方法每次只能选取一个对象，不便于选取大量对象。

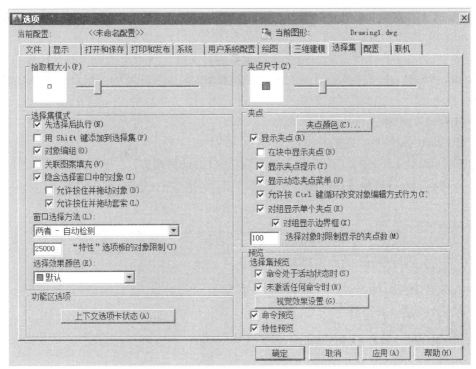

图 4-1 "选项"对话框中的"选择集"选项卡

② 窗口(W):可以通过鼠标指定一个矩形区域来选择对象。当指定了矩形窗口的两个对角点时,全部处于矩形窗口内的对象才被选中。该方式可以是缺省方式,即在"选择对象:"提示下,不输入"W",直接从左向右拖动鼠标给出矩形窗口的两个角点来确定选择区域。

③ 上一个(L):选中用户最后绘制的对象。

④ 窗交(C):使用交叉窗口选择对象。与窗口(W)选择对象的方法类似,但不同之处是全部或部分处于窗口之内的对象都被选中。为了区分交叉窗口与矩形窗口的选择方式,在拖动鼠标确定矩形区域时,矩形窗口以实线方式显示矩形,交叉窗口以虚线方式显示矩形。同样交叉窗口也可以是缺省方式,即在"选择对象:"提示下,不输入"C",直接从右向左拖动鼠标给出矩形窗口的两个角点来确定选择区域。

⑤ 全部(ALL):全选方式。选取当前窗口中的所有对象。

⑥ 栏选(F):折线选择方式。用户可构造任意折线,凡与该折线相交的对象均被选中。选择此方式后,命令行将提示"第一栏选点:",可直接用鼠标拾取一点;命令行继续提示"指定直线的端点或[放弃(U)]:",用鼠标拾取下一点;在出现多次该提示下确定点,而后按【Enter】键结束选择,然后命令行将提示所选中的对象数目。

⑦ 圈围(WP):多边形窗口方式。与 W 方式相似,但它可构造任意形状的多边形区域,全部处于多边形区域内的对象被选中。

⑧ 圈交(CP):交叉多边形窗口方式。与 C 方式相似,但它可构造任意形状的多边形区域,全部或部分处于多边形区域内的对象被选中。

⑨ 编组(G):使用组名称来选择一个已定义的对象编组。

⑩ 删除(R):用于从已构建的"选择集"中移出一个或多个对象。当选择一些对象后,执行此方式,命令行将进入"删除对象:"提示,此时仍可以使用各种方式选择对象,并把所选对象从选择集中移出。

⑪ 添加(A):在命令行处于"删除对象:"模式下,如要继续构造"选择集",可使用此选项将命令行返回"选择对象:"提示。

⑫ 多个(M):多点选择方式。按照单点选择的方法逐个选取所要选择的目标对象。

⑬ 前一个(P):用于选择最近一次构建的选择集,它适用于对同一组目标进行的连续编辑操作。

⑭ 放弃(U):取消上次所选择的目标。

⑮ 自动(AU):自动变更选择模式。

⑯ 单个(SI):单一选择。选择一个对象后,即退出选择状态。

⑰ 子对象(SU):选择多段线中的子对象。

第二节 "删除"、"打断"与"合并"命令

在 AutoCAD 2020 中,可以用"删除"命令擦除选中的对象,也可以使用"打断"命令将实体上指定两点间的一部分擦去。

一、"删除"(ERASE)命令

"删除"命令的功能同橡皮的功能相同,可从已有图形中删除选中的对象,其命令的调用方法有以下三种。

◆ 键盘输入:ERASE 或 E。

◆ "修改"或"功能区"工具栏:单击"修改"或"功能区"工具栏中的"删除"按钮。

◆ "修改"菜单:选择"修改"菜单中的"删除"命令。

当执行"删除"命令后,系统提示"选择对象:",选择要删除的对象后按回车键或【Space】键结束对象选择,同时系统删除已选择的对象。

如果在"选项"对话框的"选择集"选项卡中,选中"选择集模式"区中的"先选择后执行"复选框,就可以先选择对象,然后单击"删除"按钮删除。

> **提示**:用 OOPS 命令(此命令没有对应的菜单和工具栏)可以恢复最后一次用 ERASE 命令删除的对象。

二、"打断"(BREAK)命令

"打断"命令的功能是将指定两点之间的那部分对象删除或把对象分解成两部分,也可以使用"打断于点"命令将对象在一点处断开成两个对象。其命令的调用方法主要有以下三种。

◆ 键盘输入:BREAK 或 BR。

◆ "修改"或"功能区"工具栏:单击"修改"或"功能区"工具栏中的"打断"按钮。

◆ "修改"菜单:选择"修改"菜单中"打断"命令。

"打断"命令有以下三种方式。

1. 直接指定两断点

执行"打断"命令后,系统提示如下:

_break 选择对象:(选择要打断的对象。默认情况下,以选择对象时的拾取点作为第一

个断点)

指定第二个打断点 或 [第一点(F)]:(指定第二个断点)

系统将指定两点之间的部分对象打断,如图 4-2 所示。

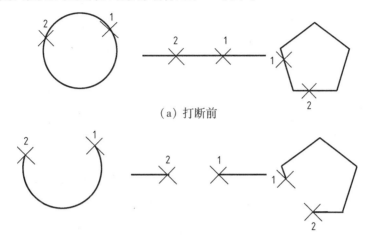

(a) 打断前

(b) 打断后

图 4-2　"直接指定两断点"打断

2. 先选对象,后指定两断点

执行"打断"命令后,系统提示如下:

_break 选择对象:(选择要打断的对象,选择对象时的拾取点不是第一个断点)

指定第二个打断点或[第一点(F)]:F↙(重新确定第一个断点)

指定第一个打断点:指定第一个断点 1

指定第二个打断点:指定第二个断点 2

结果如图 4-3 所示。

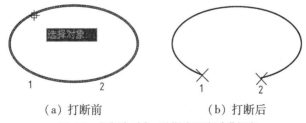

(a) 打断前　　　　(b) 打断后

图 4-3　"先选对象,后指定两断点"打断

3. 打断于点

在系统提示"指定第二个打断点"时,如果在命令行输入@,可以使第一个、第二个断点重合,从而将对象一分为二,如图 4-4 所示的直线、圆弧。

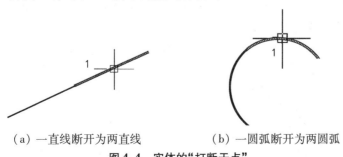

(a) 一直线断开为两直线　　(b) 一圆弧断开为两圆弧

图 4-4　实体的"打断于点"

打断对象可直接使用"打断于点"命令,单击"修改"工具栏中的"打断于点"按钮 ▭。

注意:
① 当对圆、椭圆、矩形这些封闭图形使用"打断"命令时,AutoCAD 将沿逆时针方向把第一断点到第二断点之间的那段圆弧或直线删除,如图 4-2 和图 4-3 所示。
② 如果第二断点不在实体上,那么选择实体上离拾取点最近的点作为第二打断点,如图 4-5 所示。

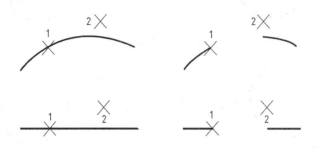

图 4-5 第二断点在实体外

三、"合并"(JOIN)命令

"合并"命令是"打断"命令的反操作,其功能是将两个对象合并为一个整体。其命令的调用方法主要有以下三种。

◆ 键盘输入:JOIN 或 J。
◆ "修改"或"功能区"工具栏:单击"修改"或"功能区"工具栏中的"合并"按钮 ⊷。
◆ "修改"菜单:选择"修改"菜单中的"合并"命令。

例如,将图 4-6(a)所示的两条直线合并成一条直线。执行"合并"命令后,系统提示如下:

_join 选择源对象:
选择要合并到源的直线:(选择直线段 1)找到 1 个
选择要合并到源的直线:(选择直线段 2)
已将 1 条直线合并到源

例如,将图 4-6(b)所示的两圆弧合并为一个圆,系统提示与操作方法如下:
_join 选择源对象:
选择圆弧,以合并到源或进行[闭合(L)]:(选择圆弧 1)
选择要合并到源的圆弧:(选择圆弧 2)找到 1 个
合并的圆弧段组成了一个圆。要转换为圆吗?[是(Y)/否(N)]<是>:Y
已合并 2 个圆弧,并将它们转换为圆。

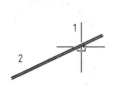 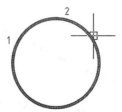

(a) 两直线合并为一直线　　(b) 两圆弧合并为整圆

图 4-6 实体的合并

第三节 "偏移"与"镜像"命令

一、"偏移"(OFFSET)命令

"偏移"命令的功能是按给定的偏移距离与方向或通过指定点,平行复制一个与选择对象相同或相似的新对象。它可以平行复制直线、构造线等对象,同心偏移复制圆弧、圆、椭圆等(图4-7)。在实际应用中,常利用"偏移"命令的特性创建平行线或等距离分布图形。

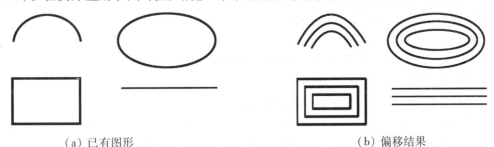

(a)已有图形　　　　　　　　　　(b)偏移结果

图4-7　偏移对象示例

"偏移"命令的调用方法有以下三种。
◆ 键盘输入:OFFSET 或 O。
◆ "修改"或"功能区"工具栏:单击"修改"或"功能区"工具栏中的"偏移"按钮 ⌻ 。
◆ "修改"菜单:选择"修改"菜单中的"偏移"命令。

执行"偏移"命令后,命令行显示如下提示:
指定偏移距离或[通过(T)/删除(E)/图层(L)]<通过>:
命令提示行中各选项的含义如下。

① 指定偏移距离:这是"偏移"命令常用的一个选项。按给定的偏移距离来复制对象。当输入偏移距离后,根据后续提示依次选择要偏移复制的对象,然后指定点确定偏移对象所在选定对象的哪一侧,即可偏移复制出对象。

② 通过(T):在命令行输入"T"后,再选择偏移对象,然后指定复制对象经过的点,即可复制出对象(也可输入"M",将对象重复进行偏移操作)。

③ 删除(E):确定偏移后是否删除源对象。执行该选项后,命令行显示"要在偏移后删除源对象吗?[是(Y)/否(N)]<否>:"提示信息,可输入"Y"或"N"来确定是否要删除源对象。

④ 图层(L):在命令行中输入"L",可选择要偏移的对象是创建在当前图层,还是创建源对象所在图层。

注意:
① 点、图块、属性和文本不能被偏移。
② 在选择对象时,"偏移"命令只能以直接拾取的方式选择对象,且一次只能选择一个对象。通过指定偏移距离的方式来复制对象时,距离值必须大于0。
③ 偏移样条曲线或多段线时,将偏移所有选定顶点控制点,如果把某个顶点偏移到样条曲线或多段线的一个锐角内时,有可能出错。

二、"镜像"(MIRROR)命令

"镜像"命令的功能是将所选实体按指定的对称中心线(镜像线)进行镜像复制。在实际应用中,对于对称的图形,我们一般只绘制一半,而另一半通过"镜像"命令进行复制,这样可大大提高绘图速度。

"镜像"命令的调用方法有以下三种。

◆ 键盘输入:MIRROR 或 MI。

◆ "修改"或"功能区"工具栏:单击"修改"或"功能区"工具栏中的"镜像"按钮 ⚠ 。

◆ "修改"菜单:选择"修改"菜单中的"镜像"命令。

执行该命令后,系统将作如下提示:

选择对象:(选择镜像对象)

选择对象:↙(结束对象选择,也可继续选择对象)

指定镜像线的第一点:(指定镜像线的第一点)

指定镜像线的第二点:(指定镜像线的第二点)

要删除源对象吗?[是(Y)/否(N)]<N>:↙(镜像复制对象,并保留原来的对象,然后结束命令;若输入"Y",即在镜像复制对象的同时删除源对象)

如图 4-8 所示分别是保留源对象和删除源对象的镜像操作。

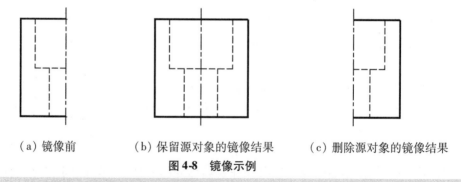

(a) 镜像前　　　　(b) 保留源对象的镜像结果　　　　(c) 删除源对象的镜像结果

图 4-8　镜像示例

> **注意**:对于文本、属性和属性定义,其文本的可读性取决于系统变量 MIRRTEXT 的值,如果 MIRRTEXT 的值为 0,则文字对象方向不镜像;如果 MIRRTEXT 的值为 1,则文字对象完全镜像,使文本方向相反不可读。

第四节　"修剪"与"延伸"命令

一、"修剪"(TRIM)命令

"修剪"命令的功能是将选定的目标对象以指定的剪切边为界进行修剪,就像用剪刀剪掉对象的多余部分,使它们精确地终止在剪切边界(图 4-9)。AutoCAD 允许用直线、构造线、射线、圆、圆弧、椭圆、椭圆弧、多段线、样条曲线等作为剪切边来修剪对象,同时它们也可以作为被修剪的对象。

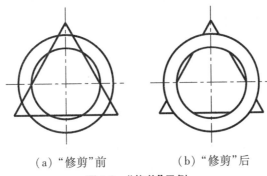

(a)"修剪"前　　　　　　(b)"修剪"后

图 4-9　"修剪"示例

"修剪"命令的调用方法有以下三种。

◆ 键盘输入:TRIM 或 TR。
◆ "修改"或"功能区"工具栏:单击"修改"或"功能区"工具栏中的"修剪"按钮 -/--。
◆ "修改"菜单:选择"修改"菜单中的"修剪"命令。

执行"修剪"命令后,系统提示选择剪切边,可用各种选择方式选择多个对象作为剪切边(如图 4-9 中剪切边为两个圆)。需要特别注意:剪切边选择完成后,按回车键或鼠标右键结束剪切边选择,出现以下提示信息,方可选择要修剪的对象:

选择要修剪的对象,或按住 Shift 键选择要延伸的对象,或[栏选(F)/窗交(C)/投影(P)/边(E)/放弃(U)]:

该命令提示行中各选项的含义如下。

① 选择要修剪的对象,或按住 Shift 键选择要延伸的对象:选择对象进行修剪或将选择的对象延伸到剪切边对象,为默认项。如果在该提示下直接选择对象(在图 4-9 中可直接选择两圆之间的三角形边线),AutoCAD 会以剪切边为界,将所选对象上位于选择对象时拾取点一侧的对象修剪掉。如果被修剪对象没有与剪切边相交,在该提示下按下【Shift】键,同时选择对象,AutoCAD 会将修剪边界变为延伸边界,将选择的对象延伸至与修剪边界相交。

② 栏选(F):以栏选方式确定被修剪的对象。

③ 窗交(C):与矩形选择窗口相交的对象作为被修剪的对象。

④ 投影(P):确定执行修剪的空间,主要用于三维空间中两个对象的修剪,可将对象投影到某一平面上执行修剪操作。

⑤ 边(E):确定剪切边的隐含延伸模式。选择该选项时,命令行显示"输入隐含边延伸模式[延伸(E)/不延伸(No)]<不延伸>:"提示信息。如果选择"延伸(E)"选项,当剪切边太短而没有与被修剪对象相交时,AutoCAD 会延伸修剪边,然后进行修剪(图 4-10);如果选择"不延伸(No)"选项,只有当剪切边与被修剪对象真正相交时,才能进行修剪,否则不进行修剪。

(a)已有图形　　　　　　(b)延伸修剪结果

图 4-10　"延伸修剪"示例

⑥ 放弃(U):取消上一次的操作。

二、"延伸"(EXTEND)命令

"延伸"命令的功能是将选定的对象延伸到指定的边界(图 4-11)。

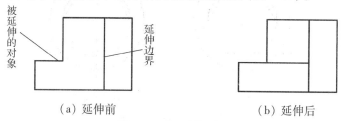

(a) 延伸前　　　　　　　(b) 延伸后

图 4-11　"延伸"示例

"延伸"命令的调用方法有以下三种。
◆ 键盘输入:EXTEND 或 EX。
◆ "修改"或"功能区"工具栏:单击"修改"或"功能区"工具栏中的"延伸"按钮 --/ 。
◆ "修改"菜单:选择"修改"菜单中的"延伸"命令。

输入"延伸"命令,并选择了作为延伸边的对象后(可以是多个对象),按回车键,将显示如下提示信息:

选择要延伸的对象,或按住 Shift 键选择要修剪的对象,或[栏选(F)/窗交(C)/投影(P)/边(E)/放弃(U)]:

"延伸"命令的使用方法和"修剪"命令的使用方法相似,不同之处在于:

① 使用"延伸"命令时,若在上述提示下选择要延伸的对象,AutoCAD 将把该对象延长到指定的边界;如果对象与所选的延伸边界相交,则在该提示下按下【Shift】键的同时选择对象,AutoCAD 会以延伸边为剪切边,将选择对象时所选择的一侧的对象修剪掉,即执行"修剪"命令。

② 若在上述提示下选择"边(E)",则可以确定延伸边方式。选择该选项时,命令行显示"输入隐含边延伸模式[延伸(E)/不延伸(No)]<不延伸>:"提示信息。如果选择"延伸(E)"选项,当延伸边太短,被延伸的对象延长后并不能与其相交,AutoCAD 会自动地将延伸边延长,使延伸对象延长到与其相交的位置。如果选择"不延伸(No)"选项,表示按边的实际位置进行延伸,不对延伸边界进行延长假设。因此,在此设置下,如果边界太短,有可能不能实现延伸。

> **注意:**
> ① 选择被延伸的对象时应单击靠近延伸边的一端,否则可能出错。
> ② 延伸边界可以是直线、圆、圆弧、多段线、样条曲线和构造线等,作为边界的对象可以是一个或多个,但每个延伸对象只能相对于一个延伸边界延伸。
> ③ 延伸一个相关的线形尺寸标注时,延伸操作完成后,其尺寸值会自动修正。
> ④ 有宽度的多段线以其中心作为延伸的边界线,以中心线为准延伸到边界。

第五节 "圆角"与"倒角"命令

一、"圆角"(FILLET)命令

"圆角"命令的功能是用一指定半径的圆弧光滑连接两个对象(图4-12)。可以倒圆角的对象有直线、多段线的直线段、样条曲线、构造线、射线、圆、圆弧和椭圆。此命令应先指定圆弧半径,再进行倒圆。它可对多段线的多个顶点进行一次性倒圆。

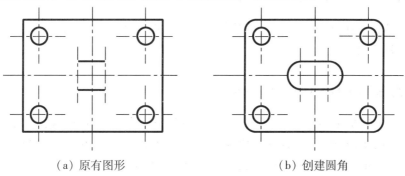

(a)原有图形　　　　　　　　(b)创建圆角

图4-12　"创建圆角"示例

"圆角"命令的调用方法有以下三种。

◆ 键盘输入:FILLET 或 F。
◆ "修改"或"功能区"工具栏:单击"修改"或"功能区"工具栏中的"圆角"按钮 ⌐ 。
◆ "修改"菜单:选择"修改"菜单中的"圆角"命令。

输入该命令后,命令行显示如下提示信息:

_fillet

当前设置:模式 = 修剪,半径 = 0.0000

选择第一个对象或[放弃(U)/多段线(P)/半径(R)/修剪(T)/多个(M)]:

该命令提示行中各选项的含义如下。

① 当前设置:模式 = 修剪,半径 = 0.0000:说明创建圆角的同时进行修剪,且圆角半径为0。此时应首先选择"半径(R)"选项,设置圆角的半径大小,然后选择创建圆角的两个对象,进行圆角创建。

② 选择第一个对象:选择用于创建圆角的第一个对象,为默认项。选择第一个对象后,按照系统的提示再选择第二个对象,AutoCAD 按当前设置的圆角半径为它们创建圆角。

③ 多段线(P):以当前设置的圆角半径对多段线的各顶点创建圆角。

④ 半径(R):设置创建圆角的半径。如果将圆角半径设置为 0,则创建圆角时 AutoCAD 将延伸或修剪所操作的两个对象,使它们相交(如果能够相交的话)。

⑤ 修剪(T):设置创建圆角时的修剪模式。执行该选项后,命令行将显示"输入修剪模式选项[修剪(T)/不修剪(N)]<修剪>:"提示信息。其中,选择"修剪(T)"选项,表示在创建圆角的同时修剪相应的两个对象;选择"不修剪(N)"选项,表示不进行修剪,它们的效果如图4-13所示。

　　(a) 创建圆角前的两对象　　(b) 修剪模式下创建圆角　　(c) 不修剪模式下创建圆角

图 4-13　"创建圆角"示例

⑥ 多个(M):对两个对象创建出圆角后,可以继续对其他对象创建圆角,不必重新执行"圆角"命令。

⑦ 放弃(U):放弃已进行的设置或操作。

注意: 在 AutoCAD 2020 中,允许对两条平行线创建圆角,圆角半径为两条平行线间距离的一半,如图 4-12 所示。

二、"倒角"(CHAMFER)命令

"倒角"命令的功能是按指定的距离或角度,将两条非平行直线类对象用斜线连接或使其相交。直线、多段线、构造线、射线等对象均可以进行倒角。使用"倒角"命令时,应先设定倒角的距离,然后指定需要倒角的两个对象。其命令的调用方法有以下三种。

◆ 键盘输入:CHAMFER 或 CHA。

◆ "修改"或"功能区"工具栏:单击"修改"或"功能区"工具栏中的"倒角"按钮 。

◆ "修改"菜单:选择"修改"菜单中的"倒角"命令。

输入该命令后,命令行显示如下提示信息:

_chamfer

("修剪"模式)当前倒角距离 1 = 0.0000,距离 2 = 0.0000

选择第一条直线或[放弃(U)/多段线(P)/距离(D)/角度(A)/修剪(T)/方式(E)/多个(M)]:

该命令提示行中各选项的含义如下。

① ("修剪"模式)当前倒角距离 1 = 0.0000,距离 2 = 0.0000:说明创建倒角的模式为修剪模式,且两条边上的倒角距离 1 和 2 均为 0,此时应首先选择"距离(D)"或"角度(A)"选项,设置倒角尺寸,然后选择创建倒角的两个对象,进行倒角创建。

② 多段线(P):以当前设置的修剪模式及倒角尺寸大小对多段线的各顶点创建倒角。

③ 距离(D):设置倒角距离尺寸。如果将两个倒角距离设置成不同的值,那么当根据提示依次选择两个倒角对象时,选择的第一个对象将按第一倒角距离、第二个对象将按第二倒角距离创建倒角。如果将两个倒角距离均设为 0,利用 CHAMFER 命令,则可以延伸或修剪两个倒角对象,使它们相交于一点(图 4-14)。

④ 角度(A):根据第一个倒角距离和角度来设置倒角尺寸。

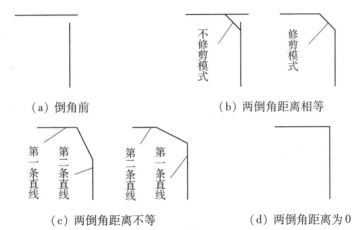

图 4-14　不同倒角距离与模式比较

⑤ 修剪(T):设置倒角后是否保留原拐角边,命令行将显示"输入修剪模式选项[修剪(T)/不修剪(N)]<修剪>:"提示信息。其中,选择"修剪(T)"选项,表示倒角后对倒角边进行修剪;选择"不修剪(N)"选项,表示不进行修剪。

⑥ 方法(E):设置倒角的方法,命令行显示"输入修剪方法[距离(D)/角度(A)]<距离>:"提示信息。其中,选择"距离(D)"选项,将以两条边的倒角距离来创建倒角;选择"角度(A)"选项,将以一条边的距离以及相应的角度来创建倒角。

⑦ 多个(M):依次对多个对象创建倒角。

⑧ 放弃(U):放弃前一次操作。

注意:创建倒角时,倒角距离或倒角角度不能太大,否则无效。如果两条直线平行或发散,则不能创建倒角。

第六节　"复制"与"阵列"命令

一、"复制"(COPY)命令

"复制"命令的功能是将选中的对象复制出副本,并放置到指定的位置。可复制一次,也可复制多次。复制命令的调用方法有以下三种。

◆ 键盘输入:COPY 或 CO。

◆ "修改"或"功能区"工具栏:单击"修改"或"功能区"工具栏中的"复制"按钮。

◆ "修改"菜单:选择"修改"菜单中的"复制"命令。

执行该命令时,首先选择要被复制的对象,然后指定复制的基准点和位移矢量(相对于基准点的方向和大小),即可在指定位置复制出所选对象。

【例 4-1】　对图 4-15(a)中的圆和六边形进行复制操作,结果如图 4-15(b)所示。

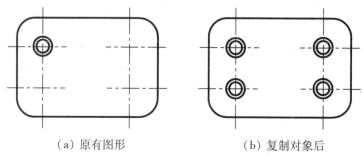

(a) 原有图形　　　　　　　(b) 复制对象后

图 4-15　"复制对象"示例

具体操作步骤如下：

执行"复制"命令后，AutoCAD 提示：

_copy

选择对象：（选择已有的圆和六边形）

选择对象：↙（结束对象选择）

指定基点或 [位移(D)] <位移>：（拾取已有圆的圆心）

指定第二个点或 <使用第一个点作为位移>：（拾取位于图中左下角位置的两条中心线的交点）

指定第二个点或[退出(E)/放弃(U)] <退出>：（拾取位于图中右上角位置的两条中心线的交点）

指定第二个点或[退出(E)/放弃(U)] <退出>：（拾取位于图中右下角位置的两条中心线的交点）

指定第二个点或[退出(E)/放弃(U)] <退出>：↙

二、"阵列"(ARRAY)命令

"阵列"命令的功能是将指定的目标对象通过复制建立一个矩形阵列、环形阵列或路径阵列。在绘制图样时，对于成行列排列的相同对象或在圆周上均匀分布的相同对象，一般只绘制一个或一组，然后用"阵列"命令绘制出其他的对象。"阵列"命令的调用方法有以下三种。

◆ 键盘输入：ARRAY 或 AR。

◆ "修改"或"功能区"工具栏：单击"修改"或"功能区"工具栏中的按钮 矩形阵列 、 环形阵列 、 路径阵列 。

◆ "修改"菜单：选择"修改"菜单中的 矩形阵列 、 环形阵列 、 路径阵列 命令。

1. 矩形阵列

执行"矩形阵列"命令后，系统在提示区会显示：

_arrayrect

选择对象：

此时，用户选择需要矩形阵列的对象，按回车键结束选择后，系统继续提示：

类型 = 矩形　　关联 = 是

选择夹点以编辑阵列或[关联(AS)/基点(B)/计数(COU)/间距(S)/列数(COL)/行数(R)/层数(L)/退出(X)] <退出>：

在绘图区会出现一个 N 行 M 列的阵列,同时在功能区显示"矩形阵列"选项卡,如图 4-16 所示。

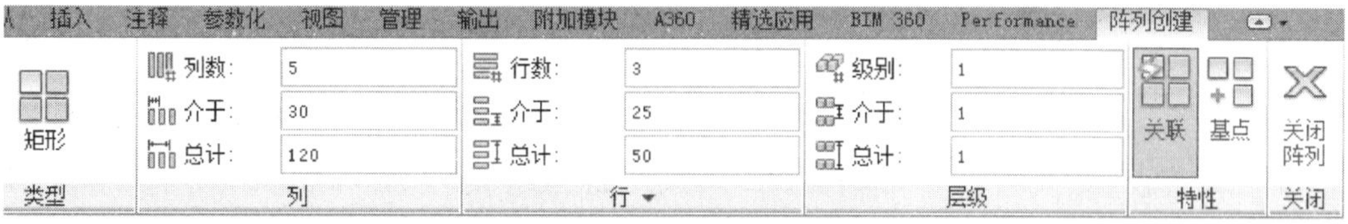

图 4-16 "矩形阵列"选项卡

各组的含义如下。
① 列(X 轴方向):用于设置矩形阵列的列数、列间距,并显示总的列间距。
② 行(Y 轴方向):用于设置矩形阵列的行数、行间距,并显示总的行间距。
③ 层级(Z 轴方向):用于设置矩形阵列的层数、层间距,并显示总的层间距。
④ 特性:用于设置矩形阵列的基点,以及阵列后的对象是否关联。
⑤ 关闭:确认本次设置,结束矩形复制对象命令。

【例 4-2】 有如图 4-17(a)所示的图形,用"阵列"命令将圆复制成 3 行 5 列矩形排列的图形,行距为 25,列距为 30。

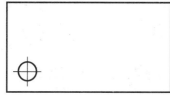
（a）矩形阵列前

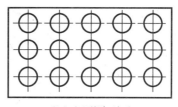
（b）矩形阵列后

图 4-17 "矩形阵列"示例

具体操作步骤如下:
① 执行"矩形阵列"命令。
② 在绘图窗口中选择圆,并按回车键。
③ 在"行数"文本框中输入"3"。
④ 在"行数"下的"介于"文本框中输入"25"。
⑤ 在"列数"文本框中输入"5"。
⑥ 在"列数"下的"介于"文本框中输入"30"。
⑦ 单击"基点"按钮,重新设置阵列的基准点。
⑧ 单击"关闭阵列"按钮,完成矩形阵列,如图 4-17(b)所示。

2. 环形阵列

执行"环形阵列"命令后,系统在提示区会显示:
_arraypolar
选择对象:
此时,用户选择需要环形阵列的对象,按回车键结束选择后,系统继续提示:
类型＝极轴　　关联＝是
指定阵列的中心点或[基点(B)/旋转轴(A)]:
选择夹点以编辑阵列或[关联(AS)/基点(B)/项目(I)/项目间角度(A)/填充角度(F)/
　　　　　　　　　　　行(ROW)/层(L)/旋转项目(ROT)/退出(X)]＜退出＞:

指定阵列中心后,在绘图区会出现一个环形阵列,同时在功能区显示"环形阵列"选项卡,如图 4-18 所示。

图 4-18 "环形阵列"选项卡

各组的含义如下。

① 项目(圆周方向):用于设置环形阵列的个数、项目间的夹角或总的夹角。
② 行(极轴方向):用于设置环形阵列的行数、行间距,并显示总的行间距。
③ 层级(Z 轴方向):用于设置环形阵列的层数、层间距,并显示总的层间距。
④ 特性:用于设置矩形阵列的基点与方向,以及阵列后的对象是否关联、旋转。
⑤ 关闭:确认本次设置,结束环形复制对象命令。

【例 4-3】 对如图 4-19(a)所示的图形进行环形阵列,结果如图 4-19(b)所示。

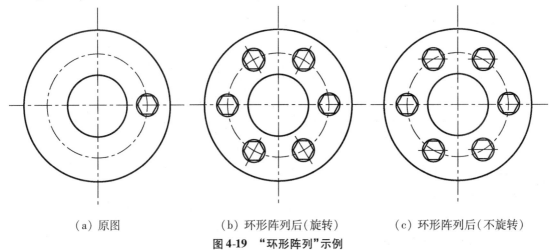

(a) 原图　　　　　(b) 环形阵列后(旋转)　　　　(c) 环形阵列后(不旋转)

图 4-19 "环形阵列"示例

具体操作步骤如下:

① 执行"环形阵列"命令。
② 在绘图窗口中选择阵列对象,并按回车键。
③ 在绘图窗口中拾取三个同心圆的圆心作为阵列中心。
④ 在"项目数"文本框中输入"6"。
⑤ 在"填充"文本框中输入"360"。
⑥ 单击"旋转项目"按钮(默认)。
⑦ 单击"关闭阵列"按钮,完成环形阵列。

在"环形阵列"选项卡中,如果不选择"旋转项目"阵列,结果如图 4-19(c)所示。

3. 路径阵列

执行"路径阵列"命令后,系统在提示区会显示:

_arraypath

选择对象:

此时,用户选择需要路径阵列的对象,按回车键结束选择后,系统继续提示:

类型＝路径　　关联＝是
选择路径曲线：
选择夹点以编辑阵列或[关联(AS)/方法(M)/基点(B)/切向(T)/项目(I)/行(R)/层(L)/对齐项目(A)/z方向(Z)/退出(X)]<退出>

指定阵列路径后,在绘图区会出现一个沿指定路径的阵列,同时在功能区显示"路径阵列"选项卡。阵列路径可以是直线、多段线、样条曲线、圆弧、圆等,其操作方法与环形阵列类似。

第七节　"移动"与"旋转"命令

一、"移动"(MOVE)命令

"移动"命令的功能是将指定对象从当前位置平行移动到指定位置。"移动"命令只能使对象的位置发生改变,但方向和大小不改变。其命令的调用方法通常有以下三种。

◆ 键盘输入:MOVE 或 M。
◆ "修改"或"功能区"工具栏:单击"修改"或"功能区"工具栏中的"移动"按钮 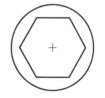。
◆ "修改"菜单:选择"修改"菜单中的"移动"命令。

执行该命令时,首先选择要被移动的对象,此后系统提示"指定基点或[位移(D)]<位移>:",在该提示下指定一点(基点),系统继续提示"指定第二个点或<使用第一个点作位移>:",上述提示信息的意义如下。

① 指定基点:为默认选项。指定一点作为对象移动时位移的基准点,根据指定两点(基点和第二点)的位移矢量移动对象。

② 位移(D)：为可选项。以坐标原点(0,0)与指定点作为位移矢量移动所选对象。

【例4-4】　用"移动"命令将图4-20(a)中的六边形移入圆内,结果如图4-20(b)所示。

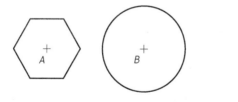

(a) 移动前　　　　　　　　(b) 移动后

图 4-20　"移动对象"示例

执行"移动"命令后,AutoCAD 提示：
选择对象:(选择要移动的六边形)
选择对象:↙(结束选择)
指定基点或[位移(D)]<位移>:(指定A点,即六边形的中心点)
指定第二个点或<使用第一个点作位移>:(指定圆的圆心B,命令结束)

二、"旋转"(ROTATE)命令

"旋转"命令的功能是将指定的对象绕基点旋转指定的角度。

该命令的调用方法有以下三种。
◆ 键盘输入:ROTATE 或 RO。
◆ "修改"或"功能区"工具栏:单击"修改"或"功能区"工具栏中的"旋转"按钮 。
◆ "修改"菜单:选择"修改"菜单中的"旋转"命令。

执行该命令时,首先选择要被旋转的对象,此后系统提示"指定基点:",若在该提示下指定一点(基点),系统继续提示"指定旋转角度或[复制(C)/参照(R)]"。上述提示信息的意义如下。

① 指定基点:指定一点作为对象旋转时的基准点,即旋转中心。
② 指定旋转角度:指定对象相对于基点的旋转角度。输入正值时,对象按逆时针方向旋转;输入负值时,对象按顺时针方向旋转。
③ 复制(C):在旋转对象的同时,对所选图形进行备份。
④ 参照(R):以参照方式旋转对象。

【例4-5】 用"旋转"命令旋转如图4-21(a)所示的图形,结果如图4-21(b)所示。

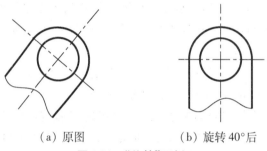

(a)原图　　　　　(b)旋转40°后

图 4-21 "旋转"示例 1

执行"旋转"命令后,AutoCAD 提示:

选择对象:(选择图形)

选择对象:↙(结束对象选择)

指定基点:(捕捉圆的圆心作为旋转中心)

指定旋转角度或[复制(C)/参照(R)]:40↙(结束命令)

【例4-6】 用"旋转"命令旋转如图4-22(a)所示的小长方形,结果如图4-22(b)所示。

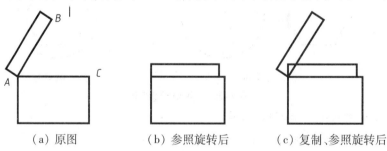

(a)原图　　　(b)参照旋转后　　　(c)复制、参照旋转后

图 4-22 "旋转"示例 2

输入"旋转"命令后,AutoCAD 提示:

_rotate

UCS 当前的正角方向:ANGDIR = 逆时针　ANGBASE = 0

选择对象:(选择小长方形)

选择对象:↙(结束对象选择)

指定基点:(指定旋转中心 A)
指定旋转角度或[复制(C)/参照(R)]:R↙(选择参照方式)
指定参照角<0>:(指定 A 点)
指定第二个点:(指定 B 点,系统将自动计算 AB 直线与 X 轴的夹角并作为参照角)
指定新角度或[点(P)]<0>:[选取点 C,即直线 AC 与 X 轴正方向夹角为新角度,至此
　　　完成操作。结果如图 4-22(b)所示]

如果在选择参照方式之前,先选择"复制(C)"选项,则会执行"复制并旋转",即进行旋转操作的同时,又对所选图形复制备份,结果如图 4-22(c)所示。

第八节　"缩放"与"拉伸"命令

一、"缩放"(SCALE)命令

"缩放"命令的功能是将指定对象相对于基点按指定的比例进行放大或缩小。"缩放"命令的调用方法通常有以下三种。

◆ 键盘输入:SCALE 或 SC。
◆ "修改"或"功能区"工具栏:单击"修改"或"功能区"工具栏中的"缩放"按钮 。
◆ "修改"菜单:选择"修改"菜单中的"缩放"命令。

执行"缩放"命令时,首先选择拟改变比例的图形对象。选择对象完成后,AutoCAD 提示"指定基点:"及"指定比例因子或[复制(C)/参照(R)]:"。提示信息的意义如下。

① 基点:比例缩放中的基准点。基点可选在图形上任何地方,当对象大小变化时,基点保持不动。基点最好选择在对象的几何中心或特殊点,这样执行"缩放"操作后,目标仍在附近位置。

② 比例因子:缩放对象的比例值。对象将根据该比例因子相对于基点缩小或放大选定对象,当比例因子大于 1 时放大,当比例因子大于 0 小于 1 时缩小。

③ 复制(C):在缩放对象的同时,对所选图形进行复制备份。

④ 参照(R):对象将按参照的方式缩小或放大,需要依次输入参照长度的值和新的长度值,AutoCAD 根据参照长度与新长度的值自动计算比例因子(比例因子 = 新长度值/参照长度值),然后进行缩放。

【例 4-7】　用"缩放"命令放大如图 4-23(a)所示的图形,结果如图 4-23(b)所示。

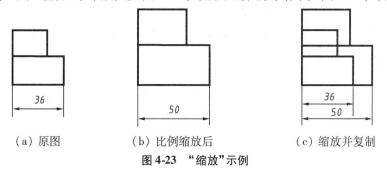

(a) 原图　　　(b) 比例缩放后　　　(c) 缩放并复制

图 4-23　"缩放"示例

执行"缩放"命令后,AutoCAD 提示:
选择对象:(选择图形,包括尺寸)
选择对象:↙(结束对象选择)
指定基点:(指定图形左下角)
指定比例因子或[复制(C)/参照(R)]:R↙(选择参照方式)
指定参照长度:36↙(也可捕捉最下边的两个端点)
指定新长度:50↙(完成操作)

如果在选择参照方式之前,先选择"复制(C)"选项,则会执行"缩放并复制",即进行缩放操作的同时,又对所选图形复制备份,结果如图 4-23(c)所示。

二、"拉伸"(STRETCH)命令

"拉伸"命令的功能是将选定对象按指定的方向和距离拉长或缩短实体。该命令的调用方法有以下三种。

◆ 键盘输入:STRETCH 或 S。
◆ "修改"或"功能区"工具栏:单击"修改"或"功能区"工具栏中的"拉伸"按钮 。
◆ "修改"菜单:选择"修改"菜单中的"拉伸"命令。

执行该命令时,可以使用"交叉窗口"方式或者"交叉多边形"方式选择对象,然后依次指定位移基点和位移矢量,位于选择窗口之内的对象被移动,而与选择窗口边界相交的对象被拉伸(或压缩)。

【例 4-8】 用"拉伸"命令拉伸如图 4-24(a)所示的图形,结果如图 4-24(b)所示。

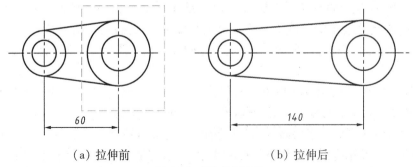

(a) 拉伸前　　　　　　　　(b) 拉伸后

图 4-24 "拉伸"示例

执行"拉伸"命令后,AutoCAD 提示:
_stretch
以交叉窗口或交叉多边形选择要拉伸的对象…
选择对象:(以交叉窗口方式选择对象,窗口范围如图 4-24(a)中的虚线矩形)
选择对象:↙(结束对象选择)
指定基点或[位移(D)]<位移>:(在绘图区以鼠标左键任意指定一点为基点)
指定第二个点或<使用第一个点作为位移>:@60,0↙(以相对坐标指定位移量第二点,并按回车键完成操作)

注意：

① 使用"拉伸"命令时，若所选实体全部在交叉窗口内，则等同于用"移动"命令移动实体；若所选实体与交叉窗口边相交，则实体将被拉长或缩短。

② 能被拉伸的实体有直线、弧、多段线和样条曲线等，圆、文本、块和点不能被拉伸，但只要它们的圆心、对齐点或插入点位于选择窗口内，将会被移动。

第九节 "分解"命令

"分解"命令的功能是将一个复杂的实体分解成若干个相互独立的简单实体。对于多段线、矩形、多边形、尺寸、剖面线、图块等实体，如果需要对其中的单个对象进行编辑，就需要先将它分解开。"分解"命令的调用方法有以下三种。

◆ 键盘输入：EXPLODE。
◆ "修改"或"功能区"工具栏：单击"修改"或"功能区"工具栏中的"分解"按钮 。
◆ "修改"菜单：选择"修改"菜单中的"分解"命令。

输入该命令后，选择需要分解的对象，然后按回车键，即可分解图形并结束该命令。

第十节 夹点编辑

一、夹点的基本概念

1. 夹点及其形式

在没有执行任何命令时用鼠标单击绘图区一个或多个实体，这些实体变为亮显虚线，并在虚线上出现蓝色小方块，这些蓝色小方框被称为夹点。夹点是一种十分快捷地选择实体的方式，是实体上的控制点，不同的实体夹点的形式（数量和位置）不同，如图 4-25 所示。由于使用夹点编辑图形对象，不需要单击菜单和工具栏按钮，也不需要键入命令字符，因此可大大提高绘图效率。

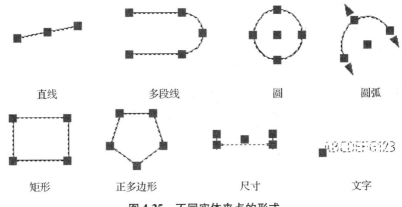

图 4-25 不同实体夹点的形式

2. 夹点的选中及其设置

蓝色的夹点叫作"冷点",用鼠标单击冷点,该夹点变为红色,称为"热点"。

夹点的特性可在"选项"对话框的"选择集"选项卡中(图4-1)进行设置。在该选项卡中可对夹点的大小、颜色及打开情况等特性进行设置。默认情况下,夹点始终是打开的。

二、用夹点编辑对象

单击蓝色冷点,使其变为红色,通过激活为红色夹点(热点),可以对对象进行拉伸、移动、旋转、缩放及镜像等操作;也可在夹点为红色的情况下单击鼠标右键,在弹出的快捷菜单中选择"特性"命令(图4-26),打开"特性"对话框,对对象的其他特性进行编辑操作。

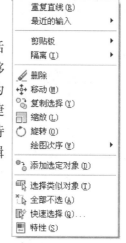

图 4-26　夹点编辑快捷菜单与"特性"对话框

第十一节　平面图形绘制举例

绘制如图 4-27 所示的平面图形(按图中尺寸绘图,不标注尺寸)。

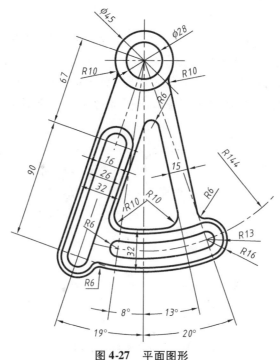

图 4-27　平面图形

绘图步骤如下：

（1）绘制圆及圆弧的中心线（图4-28）

① 利用"直线"命令绘制上部两同心圆的十字中心线。

② 利用"直线"命令绘制下部及左下部的圆弧中心线。应用捕捉极轴角的方式绘制20°、19°、13°、8°方向的直线。在画线前预设极轴增量角为20°，新建极轴附加角为251°、262°、283°，分别用于绘制图中19°、8°和13°的直线。

③ 利用"画圆"命令绘制半径为144的圆，然后用"断开"命令编辑为圆弧。

④ 利用"直线"命令绘制19°线的垂线。可用以下方式：把目标捕捉方式设为垂足；通过适当点绘制19°线的垂线；应用夹点功能把该垂线移动到上部同心圆的圆心。

⑤ 利用"偏移"命令绘制尺寸为67、90的两条平行线。

（2）绘制已知圆（图4-29）

① 用"圆"命令绘制上部 $\phi28$ 和 $\phi45$ 的两个同心圆，其圆心用交点捕捉法确定，半径直接从键盘输入。

② 用"圆"命令绘制下部 R16、R13 及两个 R6 的圆。

③ 用"圆"命令绘制左下部 R16、两个 R13 及两个 R8 的圆。

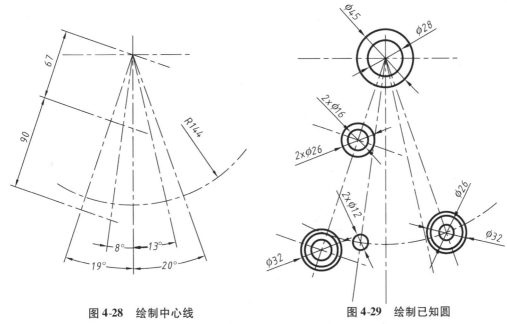

图4-28　绘制中心线　　　　图4-29　绘制已知圆

（3）修剪并绘制圆弧与切线（图4-30）

① 用"修剪"命令对图形中的某些圆进行修剪。

② 用"圆"命令绘制下方六条圆弧（先画圆，再修剪。也可用"圆心、起点、端点"方式直接画圆弧）。

③ 用"直线"命令绘制 R8 和 R13 圆左右两边的切线。

（4）绘制直线并修剪（图4-31）

① 用"偏移"命令绘制切线两侧的直线（用通过点的方式）。

② 用"偏移"命令绘制13°线右侧直线（偏移距离为15）。

③ 把与垂直中心线夹角为13°的两条平行直线改为粗实线（可用对象匹配命令）。

（5）倒圆角

按照图 4-27 所给尺寸，用"圆角"命令进行倒圆角，结果如图 4-32 所示。

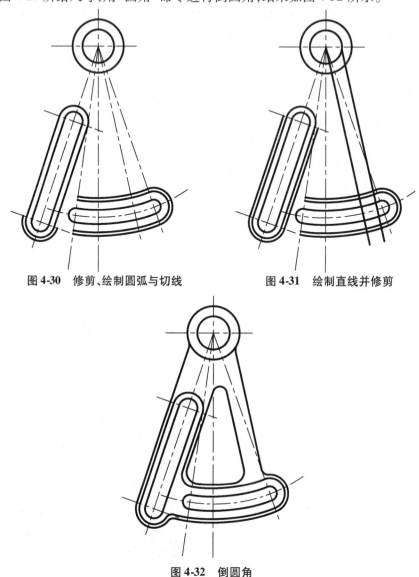

图 4-30　修剪、绘制圆弧与切线　　　图 4-31　绘制直线并修剪

图 4-32　倒圆角

实训四　编辑命令与平面图形绘制练习

练习1："打断"（BREAK）命令操作练习。

打开配套教学素材中"上机实训用图\实训四"目录下的"4-1.dwg"图形文件。

① 把图(a)中画长的点画线打断为适当长度。

② 把图(b)中1,2两点间的线断开。

练习2："偏移"（OFFSET）命令操作练习。

打开配套教学素材中"上机实训用图\实训四"目录下的"4-2.dwg"图形文件。

① 在图(a)中按给定的位置与形状尺寸画出四个小圆。

② 在图(b)中按给定间距画出矩形。

③ 在图(c)中通过给定点画出已知直线的平行线。

练习3:"镜像"(MIRROR)命令操作练习。

① 打开配套教学素材中"上机实训用图\实训四"目录下的"4-3-1.dwg"图形文件,使用"镜像"命令把图(b)编辑为图(a),把图(d)编辑为图(c)。

② 打开配套教学素材中"上机实训用图\实训四"目录下的"4-3-2.dwg"图形文件,使用"镜像"命令把图(b)编辑为图(a)。

练习4:"修剪"(TRIM)命令操作练习。

打开配套教学素材中"上机实训用图\实训四"目录下的"4-4.dwg"图形文件。

① 使用"修剪"命令把图(b)编辑为图(a)。

② 使用"修剪"命令把图(d)编辑为图(c)。

③ 使用"修剪"命令把图(f)编辑为图(e)。

练习5:"延伸"(EXTEND)命令操作练习。

打开配套教学素材中"上机实训用图\实训四"目录下的"4-5.dwg"图形文件。

① 使用"延伸"命令把图(b)编辑为图(a)。

② 使用"延伸"命令把图(d)编辑为图(c)。

练习6:"圆角"(FILLET)命令操作练习。

打开配套教学素材中"上机实训用图\实训四"目录下的"4-6.dwg"图形文件。

① 使用"圆角"命令把图(b)编辑为图(a)。

② 使用"圆角"命令把图(d)编辑为图(c)。

③ 使用"圆角"命令把图(f)编辑为图(e)。

练习7:"倒角"(CHAMFER)命令操作练习。

打开配套教学素材中"上机实训用图\实训四"目录下的"4-7.dwg"图形文件。

① 使用"倒角"命令把图(b)编辑为图(a)。

② 使用"倒角"命令把图(d)编辑为图(c)。

③ 使用"倒角"命令把图(f)编辑为图(e)。

练习8:"复制"(COPY)命令操作练习。

打开配套教学素材中"上机实训用图\实训四"目录下的"4-8.dwg"图形文件,使用"复制"命令把图(b)编辑为图(a)。

练习9:"阵列"(ARRAY)命令操作练习。

① 打开配套教学素材中"上机实训用图\实训四"目录下的"4-9-1.dwg"图形文件,使用"阵列"命令把图(b)编辑为图(a)。

② 打开配套教学素材中"上机实训用图\实训四"目录下的"4-9-2.dwg"图形文件,使用"阵列"命令把图(b)编辑为图(a),使用"阵列"命令把图(d)编辑为图(c)。

③ 打开配套教学素材中"上机实训用图\实训四"目录下的"4-9-3.dwg"图形文件,使用"阵列"命令把图(b)编辑为图(a),使用"阵列"命令把图(d)编辑为图(c)。

练习10:"旋转"(ROTATE)命令操作练习。

打开配套教学素材中"上机实训用图\实训四"目录下的"4-10.dwg"图形文件。

① 使用"旋转"命令把图(b)旋转 -40°编辑为图(a)。

② 使用"旋转"命令把图(d)编辑为图(c)。
③ 使用"旋转"命令把图(f)编辑为图(e)。

练习11："缩放"(SCALE)命令操作练习。

打开配套教学素材中"上机实训用图\实训四"目录下的"4-11.dwg"图形文件。

① 使用"缩放"命令把图(b)、图(c)编辑为图(a)。
② 使用"缩放"命令把图(d)中的文字(10号字)变为14号字。
③ 使用"缩放"命令把图(e)中的文字(20号字)变为14号字。

练习12："拉伸"(STRETCH)命令操作练习。

打开配套教学素材中"上机实训用图\实训四"目录下的"4-12.dwg"图形文件。

① 使用"拉伸"命令按尺寸把图(b)编辑为图(a)。
② 使用"拉伸"命令按尺寸把图(d)编辑为图(c)。

练习13："分解"(EXPLODE)命令操作练习。

打开配套教学素材中"上机实训用图\实训四"目录下的"4-13.dwg"图形文件。

① 使用"分解"命令把图(a)中的多段线分解并进行编辑练习。
② 使用"分解"命令把图(b)的图块分解并进行编辑练习。
③ 使用"分解"命令把图(c)中的尺寸分解并进行编辑练习。

练习14：夹点编辑操作练习。

打开配套教学素材中"上机实训用图\实训四"目录下的"4-14.dwg"图形文件。

① 使用夹点编辑功能对图(a)中的对象进行移动、镜像、旋转等编辑操作。
② 使用夹点编辑功能把图(b)中画长的点画线变为适当长度。

练习15：平面图形绘制练习。

① 打开配套教学素材中"上机实训用图\实训四"目录下的"4-15-1.dwg"图形文件,按尺寸绘制如图4-33所示的图形。

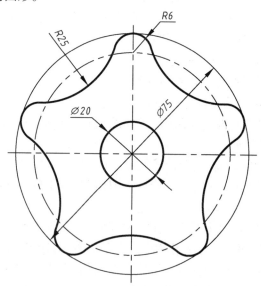

图4-33　平面图形绘制练习一

② 打开配套教学素材中"上机实训用图\实训四"目录下的"4-15-2.dwg"图形文件,按尺寸绘制如图4-34所示的图形。

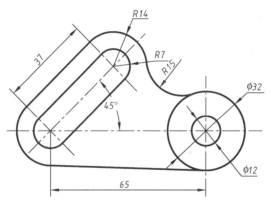

图 4-34 平面图形绘制练习二

③ 打开配套教学素材中"上机实训用图\实训四"目录下的"4-15-3.dwg"图形文件,按尺寸绘制如图 4-35 所示的图形。

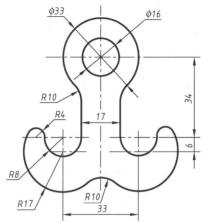

图 4-35 平面图形绘制练习三

④ 打开配套教学素材中"上机实训用图\实训四"目录下的"4-15-4.dwg"图形文件,按尺寸绘制如图 4-36 所示的图形。

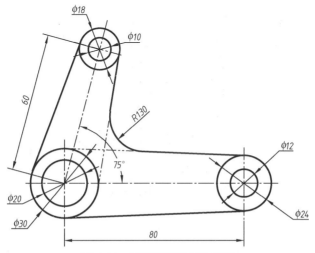

图 4-36 平面图形绘制练习四

⑤ 打开配套教学素材中"上机实训用图\实训四"目录下的"4-15-5.dwg"图形文件,按尺

寸绘制如图 4-37 所示的图形。

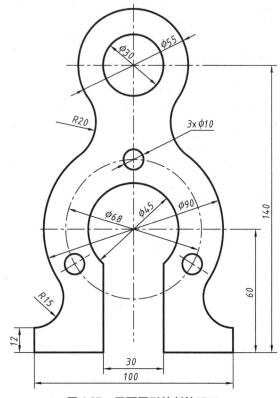

图 4-37 平面图形绘制练习五

⑥ 打开配套教学素材中"上机实训用图\实训四"目录下的"4-15-6.dwg"图形文件,按尺寸绘制如图 4-38 所示的图形。

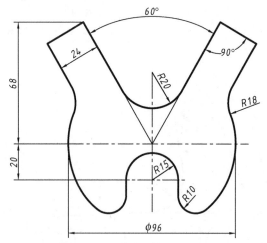

图 4-38 平面图形绘制练习六

⑦ 打开配套教学素材中"上机实训用图\实训四"目录下的"4-15-7.dwg"图形文件,按尺寸绘制如图4-39所示的图形。

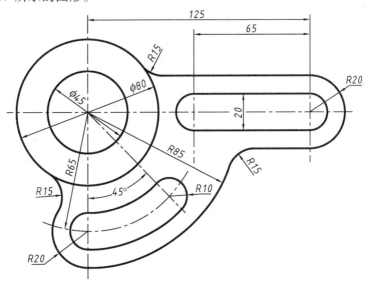

图4-39 平面图形绘制练习七

⑧ 打开配套教学素材中"上机实训用图\实训四"目录下的"4-15-8.dwg"图形文件,按尺寸绘制如图4-40所示的图形。

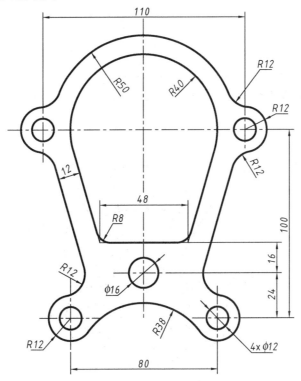

图4-40 平面图形绘制练习八

81

⑨ 打开配套教学素材中"上机实训用图\实训四"目录下的"4-15-9.dwg"图形文件,按尺寸绘制如图4-41所示的图形。

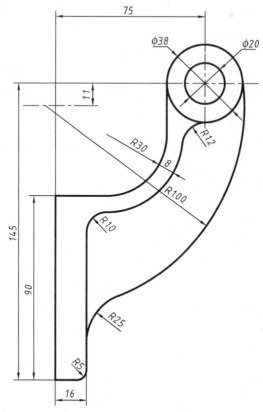

图 4-41　平面图形绘制练习九

⑩ 打开配套教学素材中"上机实训用图\实训四"目录下的"4-15-10.dwg"图形文件,按尺寸绘制如图4-42所示的图形。

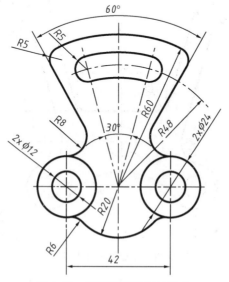

图 4-42　平面图形绘制练习十

⑪ 打开配套教学素材中"上机实训用图\实训四"目录下的"4-15-11.dwg"图形文件,按尺寸绘制如图 4-43 所示的图形。

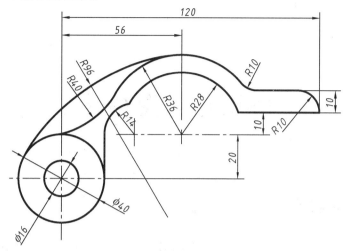

图 4-43　平面图形绘制练习十一

⑫ 打开配套教学素材中"上机实训用图\实训四"目录下的"4-15-12.dwg"图形文件,按尺寸绘制如图 4-44 所示的图形。

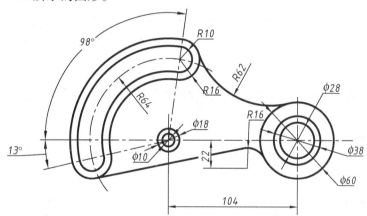

图 4-44　平面图形绘制练习十二

第五章

图层与对象特性

主要学习目标

◆ 掌握颜色、线型、线宽的设置方法,线型的加载与线型比例的改变方法。
◆ 掌握图层的创建与图层的对象特性的设置方法。
◆ 学会正确运用图层的特点,对工程图样的不同内容进行分层管理。

我们所绘制的工程图样,有线型与线宽的要求;同时,有的图形可能比较复杂,为了便于对图形对象进行管理,我们要设置图层,并用颜色来区分不同的图层。

第一节 对象的颜色、线型与线宽的设置

对象的颜色、线型与线宽称为对象特性,每一对象都有对应的颜色、线型与线宽,在绘制图形对象之前,可在"对象特性"工具栏中进行设置。

一、对象的颜色的设置

要设置对象的颜色,可单击"对象特性"工具栏中的颜色列表框下拉箭头 ,在下拉列表框中选择需要的颜色,如图 5-1 所示。各颜色选项的含义如下。

① ByLayer:颜色随层而设。即所绘对象的颜色总是与所在图层的颜色一致。

② ByBlock:颜色随块而设。即块成员的颜色随着块的插入而变成与插入时当前层的颜色相一致。

其他选项都是某一具体的颜色,一旦被选中,所绘对象皆为该种颜色。

图 5-1 颜色控制下拉列表框

二、对象的线型与线型比例的设置

1. 线型的加载

使用 acadiso.dwt 作为样板图建立的图形文件中,已加载的线型只有 Continuous(实线)一

种,如图 5-2 所示。对于绘制工程图样中所需要的线型,在选用前必须进行加载。

加载线型可从"对象特性"工具栏的线型列表中单击"其他…"选项,弹出"线型管理器"对话框,单击其右上角的"加载(L)…"按钮,又弹出"加载或重载线型"对话框,如图 5-3 所示。拖曳垂直滚动条,就可在"线型"列表中选择需要的线型,选择完毕后,单击"确定"按钮。

图 5-2　线型控制初始列表

图 5-3　线型的加载

在加载线型时应注意,工程图所用的点画线应加载英文名为 CENTER、CENTER2 和 CENTERX2 的线型,所画点画线的长画长度分别为中等、最短和最长;虚线应加载英文名为 DASHED、DASHED2 和 DASHEDX2 的线型,所画虚线的短画长度分别为中等、最短和最长。

2. 线型的设置

线型加载成功后,就可单击"对象特性"工具栏的线型列表框 ，在下拉列表框中选择需要的线型,如图 5-4 所示。

线型控制下拉列表框中各线型选项的含义如下。

① ByLayer:线型随层而设。即所绘对象的线型总是与所在图层的线型一致。

② ByBlock:线型随块而设。即块成员的线型随着块的插入而变成与插入时当前层的线型相一致。

其他选项都是某一具体的线型,一旦被选中,所绘对象皆为该种线型。

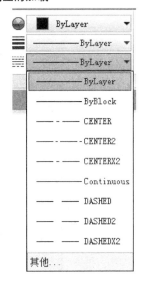

图 5-4　线型控制下拉列表框

3. 线型比例的设置

有时,我们所绘制的点画线、虚线等有长、短画的线型,在屏幕上看起来实线或长、短画太长或太短,为了使绘制的这类线型能够在屏幕上真实显示或在绘图输出时符合线型的绘制要求,需要设定适当的线型比例。

可以通过以下两种方法设定线型比例。

(1) 键盘输入

在命令行输入 LTSCALE 命令后,AutoCAD 系统提示:

命令:LTSCALE

输入新线型比例因子<1.0000>：

若输入0.5并按回车键，此时，线型的全局比例为0.5，相应线型的长、短画将缩小一半。

(2) 在"线型管理器"对话框中设置

在"格式"菜单中单击"线型"子菜单，将弹出如图5-5所示的"线型管理器"对话框，单击其右上角的"显示细节"按钮，则可在"线型管理器"对话框的右下角设置"全局比例因子"和"当前对象缩放比例"（图5-6）。

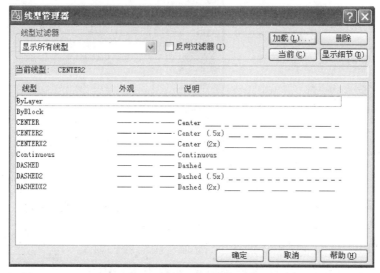

图5-5 "线型管理器"对话框

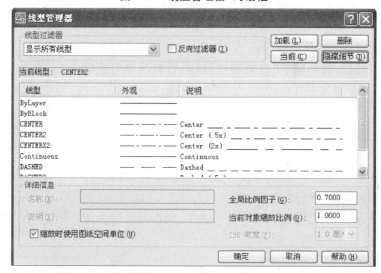

图5-6 设置"全局比例因子"与"当前对象缩放比例"

注意：

① 全局比例因子的改变对所有有间隔图线的长、短画的长度都产生影响，而当前对象缩放比例因子的改变只对此后绘制的图线产生影响。

② 在编辑图形时，有时会遇到线型与线型比例的设置是正确的，但点画线与虚线等的显示仍是实线的情况，此时可能是由于绘图区显示的图形区域太大或太小造成的。

三、对象的线宽的设置

要设置对象的线宽,可单击"对象特性"工具栏的线宽列表框右侧的下拉箭头,弹出下拉列表;也可单击"格式"菜单中的"线宽"命令,弹出"线宽设置"对话框,从中选择需要的线宽,如图 5-7 所示。

图 5-7 "线宽设置"对话框

列表框中各线宽选项的含义如下。

① ByLayer:线宽随层而设。即所绘对象的线宽总是与所在图层的线宽一致。

② ByBlock:线宽随块而设。即块成员的线宽随着块的插入而变成与插入时当前层的线宽相一致。

③ 默认:默认线宽的初始值为 0.25 mm,是指打印宽度,可在对话框中调整。在屏幕上线宽的显示比例可用对话框中的复选框与滑杆调节。

其他选项都是某一具体的线宽值,一旦被选中,所绘对象皆为该种粗细的线宽。

第二节 图层的使用

我们在使用 AutoCAD 绘制工程图样时,尽管可以从"对象特性"工具栏中直接选取对象的颜色、线型与线宽,但是由于这样做不便于图形对象的管理,所以绝大多数情况下我们并不这样做,而是利用图层来决定所绘图形对象的这些特性。

一、图层的概念

在 AutoCAD 中,每一个图形文件中均可包含多个图层,这些图层就像一张张透明的、无厚度的、坐标对齐的图纸叠放在一起。在工程图样中,这些图层可以用基准线层、轮廓线层、虚线层、尺寸层、剖面线层、文字层等命名,每一图层赋予一种固定的颜色、线型与线宽,把具有相同内容的图形对象绘制到同一图层上,这样就便于对图形对象进行管理与区分。

二、图层的创建与设置

我们可以在"图层特性管理器"对话框中完成图层的创建与设置工作。打开"图层特性管理器"对话框的方法有如下三种。

◆ 键盘输入:LAYER 或 LA。

◆ "格式"(Format)菜单:选择"格式"菜单中的"图层"命令。

◆ "图层"或"功能区"工具栏:单击"图层"或"功能区"工具栏中的"图层特性管理器"的图标 ![icon]。

执行命令后,AutoCAD 会弹出如图 5-8 所示的"图层特性管理器"对话框。

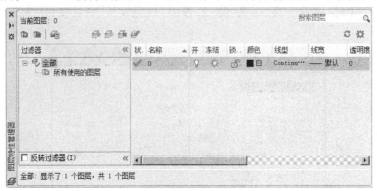

图 5-8 "图层特性管理器"对话框

1. 图层的新建与命名

从"图层特性管理器"对话框的图层列表中可以看出,使用 AutoCAD 的 acadsio.dwt 建立的新图形文件只有一个名称为"0"的图层,该图层的颜色为 7 号颜色(白色或黑色,黑色背景为白色,白色背景为黑色),Continuous(实线)线型,默认线宽。该层不能被删除或重新命名。

在对话框中单击"新建图层"按钮 ![icon],则会创建一个名称为"图层 1"的新图层,此时可选择任一种文字输入方法对新建图层进行命名。新建图层的初始颜色、线型与线宽等对象特性取决于创建新图层前所选定的图层特性。

在创建了图层之后,新图层的名称将显示在图层列表中,如图 5-9 所示。若要修改图层的名称,可以在两次单击(中间有一定时间间隔)该图层名后输入新的图层名即可。

2. 图层的对象特性的修改

创建了若干新图层之后,要修改图层的对象特性,才能满足绘制工程图的要求,如基准线层的线型应为点画线(CENTER),轮廓线层的线宽应有一定的宽度(0.5 mm 或 0.7 mm),各层有不同颜色以便区分视窗中的图形对象位于不同的层,如图 5-9 所示。

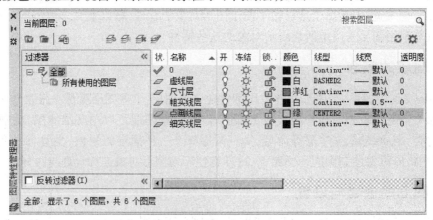

图 5-9 图层及其特性列表

若要修改图层的颜色、线型、线宽等对象特性,可在"图层特性管理器"对话框的图层列表中进行。若要修改某一图层的颜色,可直接单击颜色列表的颜色框或颜色名,弹出"选择颜色"对话框(图 5-10),选择某一颜色后,单击"确定"按钮。

图 5-10 "选择颜色"对话框

若要修改某一图层的线型,可直接单击线型列表的线型名称,弹出"选择线型"对话框(图 5-11),选择某一线型后,单击"确定"按钮。若"选择线型"对话框中没有要选择的线型,应单击"加载"按钮,待加载线型后再选择线型。

若要修改某一图层的线宽,可直接单击线宽列表的线宽值,弹出"线宽"对话框(图5-12),选择某一线宽后,单击"确定"按钮。

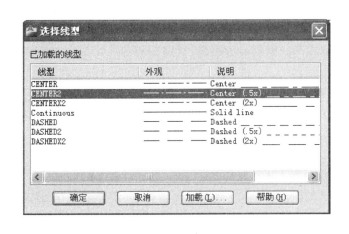

图 5-11 "选择线型"对话框

图 5-12 "线宽"对话框

三、图层的使用

在使用 AutoCAD 绘制工程图样过程中,要养成利用图层管理图形对象的习惯,这是提高图形文件质量的重要因素。

1. 把某一图层置为当前层

只有把某一图层置为当前层,才能把随后绘制的图形对象直接画在该图层上。把图层置为当前层的方法有多种,其中较快捷的方法有以下两种。

① 在"图层特性管理器"对话框的图层列表中,双击图层的图层名或状态方框,即可把该

图层置为当前层,此时状态方框中变为"√"号。

② 实际绘图时,为了操作方便,可通过"功能区"面板的图层列表(图5-13)来实现当前层的切换。只要在列表中单击图层名称即可。

2. 控制对象特性

在绘图过程中,使用绘图命令绘制的对象都处在当前层上,而要想使所绘制的对象取当前层的颜色、线型与线宽,必须使"对象特性"工具栏中的颜色、线型、线宽等对象特性处于随层(ByLayer)状态。

3. 改变图层的状态

如图5-9、图5-13所示,为了方便地管理与控制图层,每一图层的状态有打开与关闭、冻结与解冻、锁定与解锁几种。

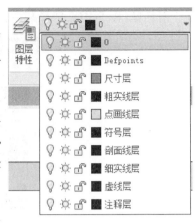

图5-13 "功能区"面板的图层列表

(1) 打开与关闭

图层的初始状态一般是打开的,若在列表框中某个图层对应的小灯泡的颜色为黄色,则表示该图层打开;若小灯泡的颜色是灰色,则表示该图层关闭。图层关闭后,该层上的图形对象将不能显示,也不能打印输出。

可以通过控制按钮来实现是否打开或关闭某个图层,关闭与打开图层的操作可在图层列表中单击控制图层开关的小灯泡即可。若关闭当前层,则会弹出提示信息,要求用户确定是否关闭当前层对话框。

(2) 冻结与解冻

图层的初始状态一般是解冻的,若列表框中某个图层对应的是太阳图标,则表示该图层是解冻的;若是雪花图标,则表示该图层被冻结。图层被冻结后,该层上的图形对象将不能显示,也不能打印输出。

可以通过控制按钮来实现是否冻结或解冻某个图层,冻结与解冻图层的操作可在图层列表中单击相应图标来改变其状态。应注意当前层是不能冻结的,也不能将冻结层改为当前层。

(3) 锁定与解锁

图层的初始状态一般是解锁的,同样可以通过控制按钮来实现是否锁定与解锁某个图层。若列表框中某个图层对应的锁图标是锁上的,则表示该图层被锁定;若对应的锁图标是打开的,则表示该图层处于解锁状态。

图层被锁定后,该图层上的图形对象将不能进行擦除、移动、打断等编辑操作,但可以往该层添加对象。

4. 改变对象的图层与对象特性

在绘图过程中,有时绘制完一些图形对象后,发现忘记转换当前层,这些对象没有被绘制在想要绘制的图层上,我们可以"选中"这些对象,并在"图层"工具栏的图层列表中选择想要转换到的图层,然后按键盘上的【ESC】键,就会把选中的对象转移到选定的图层。

另外,可以用相近的方法改变图形对象的颜色、线型与线宽。方法是:首先选中想要改变的那些对象,再在"对象特性"工具栏的颜色控制、线型控制、线宽控制的列表中选择其颜色、线型、线宽,然后按键盘上的【ESC】键。

如果使用AutoCAD绘制的是彩色图形,而打印机是黑白的,在图形输出前就应当把所有对象的颜色改变为白色(或黑色,由背景决定),否则打印出来的图线"颜色"将深浅不一。

第三节　对象特性的匹配

在绘图过程中,要改变对象的全部或部分对象特性,除了上一节介绍的方法外,还可以使用特性匹配的方法进行对象特性的复制,操作起来更为快捷方便。

一、特性匹配

输入特性匹配命令最快捷的方法是从"功能区"面板上单击"特性匹配"图标 ▦ ,命令行提示如下:

命令:'_matchprop
选择源对象:
用直接选择方式选择提供特性值的对象后,命令行继续提示:
当前活动设置:颜色　图层　线型　线型比例　线宽　透明度　厚度　打印样式　标注
　　　　　　文字　填充图案　多段线　视口　表格　材质　阴影显示　多重引线　选择目
　　　　　　标对象或[设置(S)]:
用各种选择方式选择要复制对象特性的对象。选中后,其对象特性与源对象的对象特性全部或部分相同。
选择目标对象或[设置(S)]:
该提示重复出现,按回车键结束命令。

二、特性设置

对于命令行提示"选择目标对象或[设置(S)]:",若从键盘上输入"S"并按回车键,则弹出"特性设置"对话框,如图5-14所示。如果所要复制的对象特性不是全部,可从对话框中选择要复制的特性类型,单击"确定"按钮。特性设置的默认设置是复制全部特性,设置一旦改变,匹配特性持续有效,直到再一次设置为止。

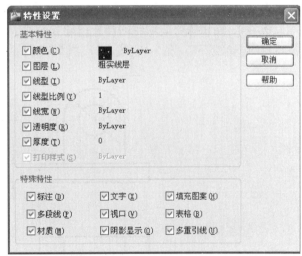

图5-14　"特性设置"对话框

实训五 图层、对象特性设置与三视图绘制练习

练习1：创建图层，并设置图层的对象特性。

① 使用样板 acadiso.dwt 建立新图形文件，并在 E 盘上创建文件夹"E:\CAD 实训五"，把新建图形另存为"5-1.dwg"图形文件。

② 打开"图层特性管理器"对话框，按表5-1 创建图层并设置各图层的颜色、线型与线宽。

表 5-1　各图层的颜色、线型与线宽

图层名	颜色	线型	线宽
粗实线层	白色	Continuous	0.5 mm
细实线层	红色	Continuous	默认
细点画线层	绿色	CENTER2	默认
细虚线层	黄色	DASHED2	默认
文字层	品红色	Continuous	默认
尺寸层	青色	Continuous	默认
剖面线层	红色	Continuous	默认
符号层	白色	Continuous	默认
辅助线层	白色	Continuous	默认

练习2：图层与对象特性设置完成后，把图形文件"5-1.dwg"另存为"样板图形文件"（文件名为*.dwt）。存盘的路径、目录与文件名自己指定。

练习3：使用练习2 创建的样板图建立一个新图形文件，按图形对象类型分层绘制下列各组视图（如图 5-15、图 5-16、图 5-17、图 5-18 所示。只画视图，不注尺寸）。

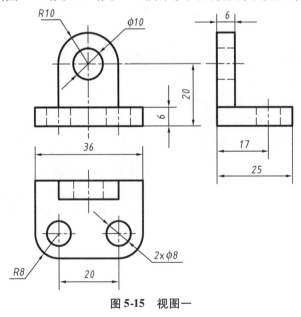

图 5-15　视图一

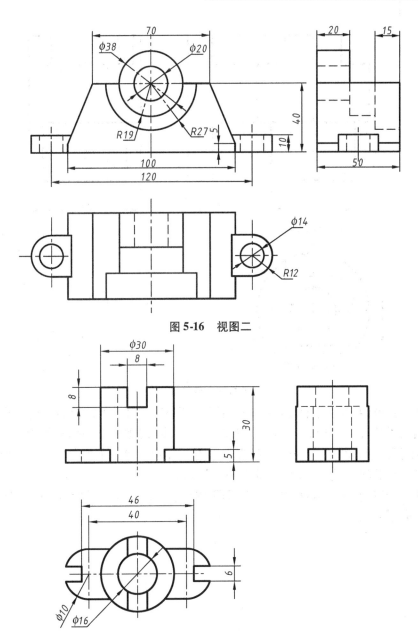

图 5-16 视图二

图 5-17 视图三

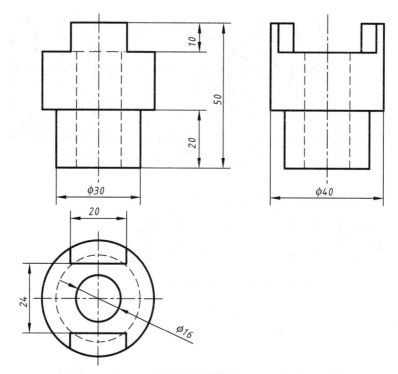

图 5-18 视图四

练习4：打开配套教学素材中"上机实训用图\实训五"目录下的"5-4.dwg"图形文件，修改线型比例因子的大小（如1,2,0.3等），观察图中虚线与点画线长、短画的变化。

练习5：打开配套教学素材中"上机实训用图\实训五"目录下的"5-5.dwg"图形文件，进行图层的打开与关闭、冻结与解冻、锁定与解锁练习。

练习6：打开配套教学素材中"上机实训用图\实训五"目录下的"5-6.dwg"图形文件，练习对象匹配命令的用法。

第六章

文本与尺寸标注

主要学习目标

- ◆ 掌握工程字体(斜体、直体)文字样式的创建方法。
- ◆ 掌握单行文本(DTEXT)命令的使用方法。
- ◆ 掌握常见尺寸标注样式的创建与修改方法。
- ◆ 掌握各种尺寸形式的标注方法。

文本与尺寸是工程图样的重要组成部分,一张图纸有了正确的尺寸标注才有意义,图形中的文本多用于对图形进行简要的描述和注释。本章主要介绍 AutoCAD 的文本与尺寸标注的方法与编辑功能。

第一节 文字样式的创建

使用 acadiso.dwt 作为样板图建立的新图形只有一个名为 STANDRAD(标准)的文字样式,这种样式不能满足适用于我国《制图标准》的文字注释标注的需要。因此,我们必须使用 AutoCAD 的功能建立符合我国《制图标准》的文字样式。

一、文字样式命令的输入

用户可以利用如下的几种方法打开"文字样式"对话框。
- ◆ 键盘输入:STYLE 或 ST,并按回车键。
- ◆ "格式"(Format)菜单:选择"格式"菜单中的"文字样式"命令。

二、文字样式的创建

创建文字样式的具体操作步骤如下:

① 在"文字样式"对话框中,单击 新建(N)... 按钮,将新建的文字样式命名为"工程斜体",如图6-1所示。

② 单击"确定"按钮,回到"文字样式"对话框,在"字体"区的"SHX 字体"文件名列表中选择"gbeitc.shx",并选中下方的"使用大字体"复选框,如图6-2所示。

注意：gbeitc.shx 是国标工程斜体形文件名，gbenor.shx 为国标工程直体形文件名。

③ 在"大字体"文件名列表中选择 gbcbig.shx 文件名。
④ 依次单击"应用""关闭"按钮。

图 6-1　新样式命名

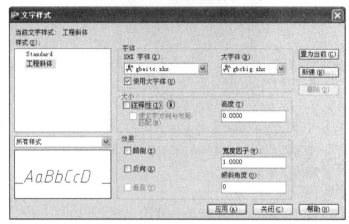

图 6-2　工程斜体样式的创建

第二节　文本的标注

文本标注的方法有两种：单行文字和多行文字。

一、"单行文字"（DTEXT）命令

1. 命令的调用方法

我们可以通过如下三种方法调用"单行文字"命令。

◆ 键盘输入：DTEXT 或 TEXT 或 DT。
◆ 功能区"默认"面板：选择"注释"→"单行文字"命令。
◆ "绘图"（Draw）菜单：选择"绘图"→"文字"→"单行文字"命令。

2. 选项操作

执行"单行文字"命令后，AutoCAD 会提示：

命令：_dtext
当前文字样式：工程斜体　当前文字高度：2.5000　注释性：否
指定文字的起点或 [对正(J)/样式(S)]：

从该提示行可以看出，当前文字标注的文字样式为工程斜体，字体的高度为 2.5 000，各选项的功能与操作方法如下。

① 指定文字的起点：为默认项。此选项用来确定文本行基线的起点。用户既可以从键

盘输入文字插入点的坐标,也可使用鼠标单击屏幕上的某一点。输入文字起点后会继续提示:

指定高度<2.5000>:

输入文字的高度 7 并按回车键,后续提示为:

指定文字的旋转角度<0>:

设定文本行的倾斜方向,既可以从键盘输入角度值,也可使用鼠标指定文本方向。

当输入文本的倾斜角度后,屏幕上的光标将会变成长条形,并处于一矩形框内,它们反映了将要输入文本的位置、高度与倾斜角度,此时我们就可以从键盘输入文字,随着文字内容的增加,矩形框将越来越长,光标也随之移动。

如果我们要输入的文字内容由多行组成,只要在每一行输入完成后按回车键,长条光标将按左对齐换到下一行,此时可以继续输入下一行文本。在文字输入状态,连续按两次回车键,单行文字命令将结束。

② 对正(J):可选项,用于确定所标注文本的排列方式。从键盘上输入"J",则后续提示为:

[对齐(A)/调整(F)/中心(C)/中间(M)/右(R)/左上(TL)/中上(TC)/右上(TR)/左中(ML)/正中(MC)/右中(MR)/左下(BL)/中下(BC)/右下(BR)]:R↙

同时在屏幕绘图区出现选择文本排列方式的表格,如图 6-3 所示。

左对齐是默认的文字输入排列方式,选择其他的对齐方式可用键盘输入相应选项后的字母,也可用鼠标从表格中单击选项。如果我们输入的文字排列方式是右对齐,则后续提示:

指定文字基线的右端点:

输入一点后,又提示:

指定高度<7.0000>:

给定高度后,提示:

指定文字的旋转角度<0>:

输入文字的倾斜角度后,就可以按右对齐的方式输入文本。

③ 样式(S):用于改变标注文本时所用的文字样式。

从键盘输入"S"后,命令行提示:

输入样式名或[?]<工程斜体>:

此时输入文字样式名,即可修改当前文字标注的样式。如果忘记了该图形文件中的文字样式名,可输入"?"查询。

输入要列出的文字样式<*>:

按回车键后列出文字样式:

样式名:"Standard"　字体文件:txt,gbcbig.shx

高度:0.0000　宽度比例:1.0000　倾斜角度:0

生成方式:常规

样式名:"工程斜体"　字体文件:gbeitc.shx,gbcbig.shx

高度:0.0000　宽度比例:1.0000　倾斜角度:0

生成方式:常规

样式名:"工程直体"　字体文件:gbenor.shx,gbcbig.shx

图 6-3　文字排列方式选项列表

高度:0.0000　宽度比例:1.0000　倾斜角度:0
生成方式:常规
当前文字样式:工程斜体
当前文字样式:工程斜体　当前文字高度:7.0000　注释性:否
指定文字的起点或[对正(J)/样式(S)]:

二、"多行文字"(MTEXT)命令

1. 命令的调用方法

输入"多行文字"命令的方法有以下三种。

◆ 键盘输入:"MTEXT"或"MT"。
◆ 功能区"默认"面板:选择"注释"→"多行文字"命令。
◆ "绘图"(Draw)菜单:选择"绘图"→"文字"→"多行文字"命令。

2. 选项操作

执行该命令后,AutoCAD会提示:
MTEXT 当前文字样式:"工程斜体"　当前文字高度:10　注释性:否
指定第一角点:(在绘图区任意指定一点)
指定对角点或[高度(H)/对正(J)/行距(L)/旋转(R)/样式(S)/宽度(W)/栏(C)]:
　　(在绘图区内指定另一点,两点确定了一个矩形区域)
此时,AutoCAD将弹出如图6-4所示的"文字格式"对话框。

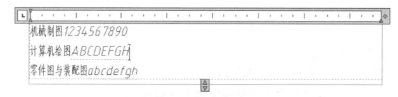

图6-4　"文字格式"对话框

在对话框的列表中可以选择文字样式、字体、文字高度等,在下面的矩形框内可以输入和编辑文本。

三、控制码与特殊字符

在绘制工程图时,我们有时会遇到一些不能从键盘上直接输入的特殊字符,AutoCAD提供各种控制码用来实现这一要求。控制码一般由两个百分号(%%)和一个字母组成。具体符号及含义如表6-1所示。

表 6-1　特殊字符的控制码

控制码	特殊字符
%%C	直径符号 ϕ
%%D	角度符号"°"
%%P	"±"
%%U	文字的下划线
%%O	文字的上划线
%%%	标注一个%符号

第三节　编辑文本

AutoCAD 2020 提供了更为快捷方便的文本编辑功能。

一、单行文字的编辑

选中要编辑的单行文字,然后按鼠标右键,弹出右键快捷菜单,如图 6-5 所示。

在右键快捷菜单中选择编辑命令,可编辑单行文字的内容。也可以选择一个或多个单行文字,在功能区修改文字的字体、图层、线型、颜色等。

二、多行文字的编辑

选中要编辑的多行文字(双击),就可编辑多行文字的内容。同时在功能区会弹出"文字编辑器"选项卡,如图 6-6 所示,从中可以对选中多行文字的样式、格式、段落等内容进行修改。

图 6-5　右键快捷菜单

图 6-6　"文字编辑器"选项卡

第四节　尺寸标注样式的创建

使用 acadiso. dwt 作为样板图建立的新图形只有一个名为 ISO-25 的标注样式,这种样式是适用于国际 ISO 标准的标注样式,尽管我国制图标准与 ISO 标准接近,但在标注规定与习惯上还是有一些不同之处,故 ISO-25 的样式不能满足我国工程标注的需要,必须使用 Auto-CAD 的功能建立适合我国工程图标注的若干标注样式。

一、标注样式命令的输入

用户可以利用如下三种方法输入命令,并弹出"标注样式管理器"对话框(图 6-7)。
- ◆ 键盘输入:DIMSTYLE 或 DDIM,并按回车键。
- ◆ "格式"(Format)菜单:选择"格式"菜单中的"标注样式"命令。
- ◆ "标注"工具栏:单击"标注"工具栏中的图标 。

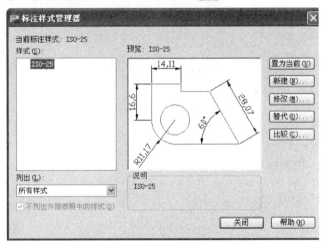

图 6-7 "标注样式管理器"对话框

二、标注样式的创建

在"标注样式管理器"对话框中,单击"新建"按钮,弹出"创建新标注样式"对话框,如图 6-8 所示,将新建的标注样式命名为"GB-35",单击"继续"按钮,弹出"新建标注样式:GB-35"对话框,如图 6-9 所示。

图 6-8 "创建新标注样式"对话框

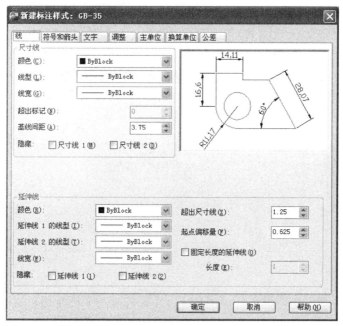

图 6-9 "新建标注样式:GB-35"对话框

三、GB-35 标注样式的系统参数的修改

在"新建标注样式:GB-35"对话框中共有 7 个选项卡,每个选项卡中都有许多有关标注样式的系统参数的值或状态。由于 GB-35 样式是由 ISO-25 作为基础样式创建而成的,且我国国标与 ISO 标准接近,所以并不是 7 个选项卡的所有参数都需改变。实际上,我们只要修改部分选项卡的个别参数的值或状态即可。

1. "线"选项卡下参数修改

在"线"选项卡中,我们只要把"尺寸线"区的"基线间距"修改为"7","延伸线"区的"超出尺寸线"修改为"2.5"、"起点偏移量"修改为"0",如图 6-10 所示。

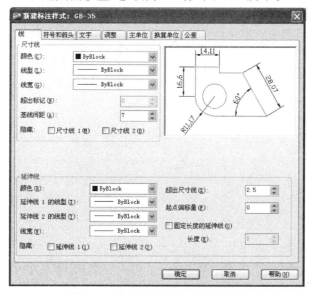

图 6-10 在"线"选项卡下修改参数

2. "符号和箭头"选项卡下参数修改

在"符号和箭头"选项卡中,将"箭头"区的"箭头大小"修改为"3.5",在"圆心标记"区选中"无"单选按钮,如图6-11所示。

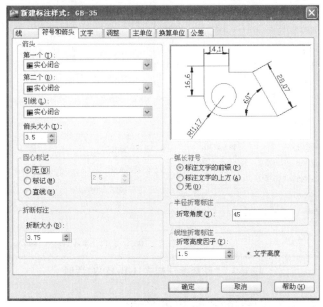

图6-11 "符号和箭头"选项卡下参数修改

3. "文字"选项卡下参数修改

在"文字"选项卡中,把"文字外观"区的"文字样式"修改为"工程斜体"、"文字高度"修改为"3.5",把"文字位置"区的"从尺寸线偏移"修改为"1",如图6-12所示。

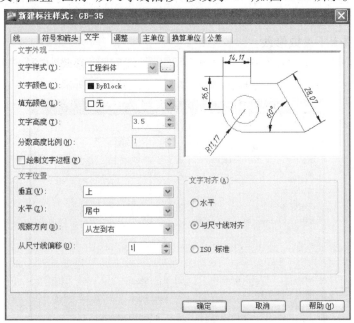

图6-12 "文字"选项卡下参数修改

修改完成后,单击"确定"按钮,返回到"标注样式管理器"对话框,如图6-13所示。与图6-7相比,不但在"样式"区多了一种标注样式(GB-35),而且在"预览"区可以看出标注样式也发生了很大变化。

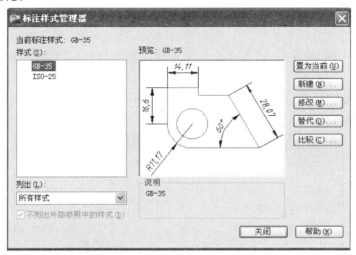

图 6-13　新建后的"标注样式管理器"对话框

四、其他标注样式的设置

GB-35 并不适用于所有尺寸形式的标注，当某些尺寸需要不同于 GB-35 的标注样式时，我们就要创建适合特定标注的标注样式。

1. 角度尺寸的标注样式的设置

标注角度尺寸时要求尺寸数字总是处于向上的方向。所以建立角度标注样式，我们可以以 GB-35 为基础样式，只把"文字"选项卡的"文字对齐"方式改选为"水平"，如图 6-14 所示。

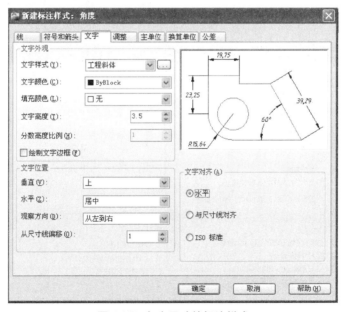

图 6-14　角度尺寸的标注样式

注意：以 GB-35 为基础样式，必须在新建前在"标注样式管理器"对话框的"样式"区选中样式"GB-35"。

2. 直径、半径尺寸的标注样式的设置

标注直径尺寸一般情况下使用"GB-35"是符合要求的，但有时想把引出标注在圆或圆弧外的尺寸数字注写在引出的水平线上，我们可以以 GB-35 为基础，建立标注样式"直径1"，并把"文字"选项卡中的"文字对齐"方式改选为"ISO 标准"，如图 6-15(a)所示。有时想把圆内标注的尺寸数字注写在尺寸线的上方，建立这种尺寸形式的标注样式，我们也是以 GB-35 为基础建立另一种标注样式"直径2"，并把"调整"选项卡中的"文字位置"改选为"尺寸线上方，不带引线"，如图 6-15(b)所示。

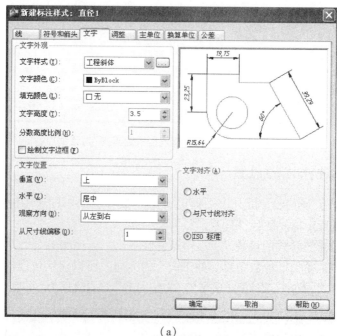

(a)

(b)

图 6-15　直径尺寸的标注样式

3. 带有前缀与后缀尺寸的标注样式的设置

在尺寸标注中,有时需要在尺寸数字前或后添加一些字符,如线性尺寸 $\phi50H7$,这就需要单独建立标注样式。建立时以 GB-35 为基础,并修改"主单位"选项卡中的"前缀"为"%%C","后缀"为"H7",如图 6-16 所示。

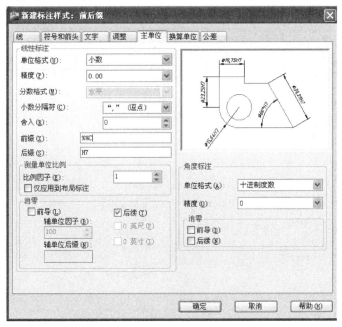

图 6-16 给线性尺寸加前、后缀的标注样式

4. 公差尺寸的标注样式的设置

在标注带有公差的尺寸前,也需要单独建立标注样式。建立时以 GB-35 为基础,并修改"公差"选项卡中的"公差格式"区的若干选项,具体设置如图 6-17 所示。

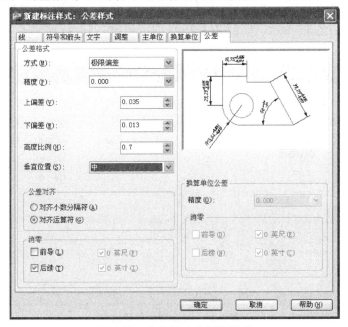

图 6-17 公差尺寸的标注样式

5. 建筑工程图中尺寸的标注样式的创建

我们前面创建的 GB-35 以及以此为基础建立的标注样式通常用于机械图样中的尺寸标注,建筑工程图与机械工程图在标注样式上的区别在于尺寸箭头的形式。因此,我们建立建筑工程图尺寸标注样式,只要以 GB-35 为基础新建样式(建筑 GB-35),并修改"符号和箭头"选项卡中的"箭头"区的若干选项即可,如图 6-18 所示。

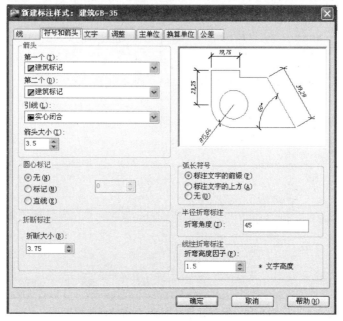

图 6-18 建筑图样的标注样式

6. 标注样式的修改

如果我们对某个标注样式的参数值或状态不满意,可打开"修改标注样式"对话框进行修改。例如,我们要修改"建筑 GB-35"标注样式,在"标注样式管理器"对话框的"样式"区选中"建筑 GB-35",然后单击"修改"按钮(图 6-19),即可弹出"修改标注样式"对话框,在其中进行相关修改。

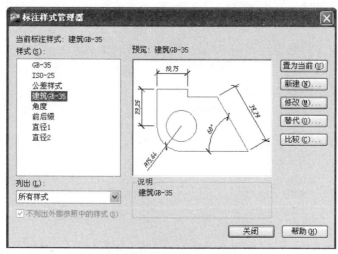

图 6-19 标注样式的修改

7. 标注样式的比例因子的设置

根据国家标准中关于尺寸标注的基本规则,工程图样中所标注的尺寸应是物体的实际尺寸,与绘图的比例无关。所以,我们在使用 AutoCAD 绘制工程图样时,如果采用的是 1∶1 的比例,标注尺寸时就可以使用标注样式中比例因子的默认值(1);若采用放大或缩小的比例,就应变换标注样式中的比例因子。例如,若绘图时采用 1∶100 的比例,则在"修改标注样式"对话框中的"主单位"选项卡中,将"测量单位比例"区的"比例因子"设为"100",如图 6-20 所示。

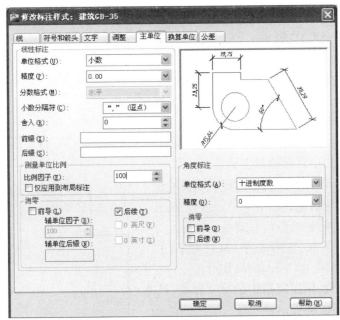

图 6-20　测量单位的比例因子

第五节　尺寸标注的形式

视图完成之后,我们就可以应用已有的标注样式来标注各种形式的尺寸。在标注尺寸前,为了方便起见,应先打开"标注"工具栏,如图 6-21 所示。在"标注"工具栏中,我们可以选择标注样式与尺寸标注的形式。

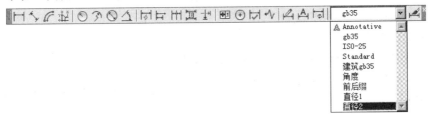

图 6-21　"标注"工具栏

一、长度型尺寸标注

长度型尺寸标注用于标注图形上两点之间的距离或线段的长度,尺寸的起讫点可以是端点、交点等。长度型尺寸标注主要有线性标注、对齐标注、基线标注和连续标注等。

1. 线性尺寸的标注

在 AutoCAD 中,把水平尺寸、垂直尺寸归结为长度型的尺寸一类。在标注前先选择标注样式"GB-35"(或"建筑 GB-35"),然后调用"线性"标注命令。启动"线性"尺寸标注命令的方法主要有如下三种。

◆ 键盘输入:DIMLINEAR 或 DLI。

◆ "标注"菜单:选择"标注"菜单中的"线性"命令。

◆ "标注"工具栏:单击"标注"工具栏中的图标 ⊢⊣。

执行命令后,AutoCAD 提示:

命令:_dimlinear

指定第一个延伸线原点或 <选择对象>:

对于上述提示,通常有两种操作方式来标注线性尺寸:

(1) 指定两条尺寸界线起点的方式

以图 6-22 所示的水平尺寸"59"为例来看标注线性尺寸的步骤。先用目标捕捉方式选择该尺寸的一个端点作为尺寸界线的起点,将出现后续提示:

指定第二条延伸线原点:

再选择另一条尺寸界线的起点,后续提示:

指定尺寸线位置或[多行文字(M)/文字(T)/角度(A)/水平(H)/垂直(V)/旋转(R)]:

再指定尺寸线的位置,则按照给定的尺寸界线、尺寸线位置完成尺寸标注,并提示:

标注文字 =59

(2) 用选择对象的方式

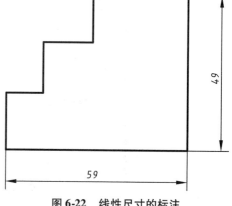

图 6-22 线性尺寸的标注

以图 6-22 所示的垂直尺寸"49"为例来看其标注步骤。对于提示"指定第一个延伸线原点或 <选择对象>:",如果以回车键回答,将以选择对象的方式标注线性尺寸,后续提示:

选择标注对象:

用直接指点方式选择与尺寸"49"相平行的那条直线,则出现后续提示:

指定尺寸线位置或[多行文字(M)/文字(T)/角度(A)/水平(H)/垂直(V)/旋转(R)]:

再指定尺寸线的位置,则按照给定的直线与尺寸线位置完成尺寸标注,并提示:

标注文字 =49

2. 基线尺寸的标注

在 AutoCAD 中,把具有公用尺寸界线的尺寸称为"基线尺寸"。在标注基线尺寸时,第一个尺寸采用线性标注,然后依次使用"基线"标注命令。

如图 6-23 所示,标注基线尺寸"18""34""49",先使用线性标注注写第一个尺寸"18",再执行"基线"标注命令,依次标注"34""49"两个基线尺寸。调用"基线"标注命令的方式有以下两种。

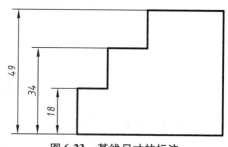

图 6-23 基线尺寸的标注

◆ "标注"菜单:选择"标注"菜单中的"基线"命令。

◆ "标注"工具栏:单击"标注"工具栏中的 ![] 按钮。

执行"基线"标注命令后,命令行提示:

命令:_dimbaseline

指定第二条延伸线原点或[放弃(U)/选择(S)]<选择>:

尺寸"34"的第一条尺寸界线同尺寸"18"共用,指定第二条尺寸界线的起点完成尺寸"34"的标注,并提示:

标注文字=34

指定第二条延伸线原点或[放弃(U)/选择(S)]<选择>:

尺寸"49"的第一条尺寸界线同尺寸"18""34"共用,指定第二条尺寸界线的起点完成尺寸"49"的标注,并出现重复性提示:

标注文字=49

指定第二条延伸线原点或[放弃(U)/选择(S)]<选择>:

此时,基线标注提示重复出现,若要结束标注,按两次回车键或单击鼠标右键,在快捷菜单中选择"取消"命令,标注完成并回到命令等待状态。

3. 连续尺寸的标注

在 AutoCAD 中,把尺寸线对齐、首尾相接的尺寸称为"连续尺寸",它们之间也有公用的尺寸界线。在标注连续尺寸时,第一个尺寸也要采用线性标注,然后依次使用连续标注命令。

如图 6-24 所示,标注连续尺寸"12""16""31",先使用"线性"标注注写第一个尺寸"12",再执行"基线"标注命令,依次标注"16""31"两个连续尺寸。输入连续标注命令的方式有以下两种。

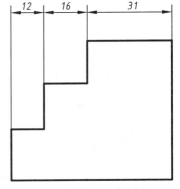

图 6-24 连续尺寸的标注

◆ "标注"菜单:选择"标注"菜单中的"连续"命令。

◆ "标注"工具栏:单击"标注"工具栏中的 ![] 按钮。

执行"连续"标注命令后,命令行提示为:

命令:_dimcontinue

指定第二条延伸线原点或[放弃(U)/选择(S)]<选择>:

尺寸"16"以尺寸"12"的第二条尺寸界线作为第一条尺寸界线,指定第二条尺寸界线的起点完成尺寸"16"的标注,并提示:

标注文字=16

指定第二条延伸线原点或[放弃(U)/选择(S)]<选择>:

同样,尺寸"31"以尺寸"16"的第二条尺寸界线作为第一条尺寸界线,指定第二条尺寸界线的起点完成尺寸"31"的标注,并出现重复性提示:

标注文字=31

指定第二条延伸线原点或[放弃(U)/选择(S)]<选择>:

此时,连续标注提示重复出现,若要结束标注,按两次回车键或单击鼠标右键,在快捷菜单中选择"取消"命令,标注完成并回到命令等待状态。

4. 倾斜尺寸的标注

在 AutoCAD 中,标注倾斜方向的尺寸使用对齐标注命令,所选择的标注样式与线性标注相同。启动"对齐"标注命令的方法主要有如下两种。

◆ "标注"菜单:选择"标注"菜单中的"对齐"命令。

◆ "标注"工具栏:单击"标注"工具栏中的 ⬩ 按钮。

执行命令后,AutoCAD 提示:

命令:_dimaligned

指定第一个延伸线原点或 <选择对象>:

对齐标注与线性标注的操作方式相同,可以用指定两条尺寸界线起点的方式,有时也可以用选择对象的方式。

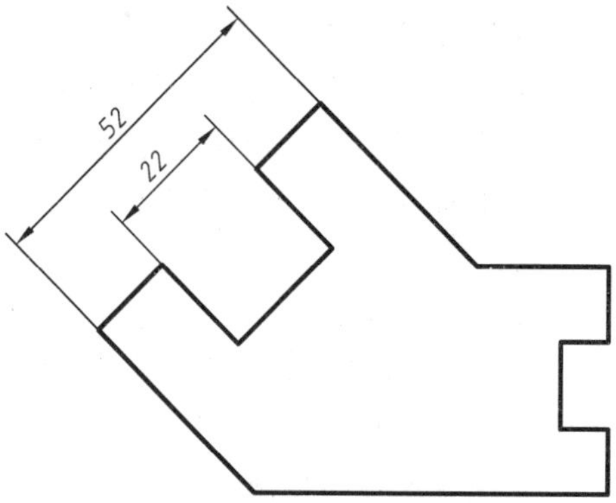

如图 6-25 所示的尺寸"22""52",若要标注它们,其命令序列如下:

指定第二条延伸线原点:

指定尺寸线位置或[多行文字(M)/文字(T)/角度(A)]:

标注文字 = 22

命令:

命令:

命令:_dimaligned

指定第一条延伸线原点或 <选择对象>:

指定第二条延伸线原点:

指定尺寸线位置或[多行文字(M)/文字(T)/角度(A)]:

标注文字 = 52

图 6-25 倾斜尺寸的标注

二、角度尺寸的标注

标注角度尺寸应先选择用于角度标注的样式,然后启用"角度"标注命令,方法主要有如下三种。

◆ 键盘输入:DIMANGULAR 或 DIMANG。

◆ "标注"菜单:选择"标注"菜单中的"角度"命令。

◆ "标注"工具栏:单击"标注"工具栏中的 ⬩ 按钮。

下面以图 6-26 所示的角度尺寸标注为例,先标注角度尺寸 30°。命令输入后,AutoCAD 提示:

命令:_dimangular

选择圆弧、圆、直线或<指定顶点>:

我们一般用指定所夹角的两边的方式来标注角度尺寸,此时,选定角的第一条边,则出现后续提示:

选择第二条直线:

再选择角的另一条边,后续提示:

指定标注弧线位置或[多行文字(M)/文字(T)/角度(A)/象限点(Q)]:

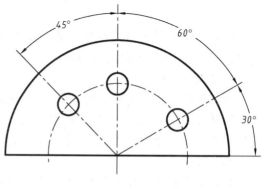

图 6-26 角度尺寸的标注

指定标注弧线(尺寸线)的位置,后续提示：

标注文字 = 30

命令：

命令结束,系统回到命令等待状态。

此后,我们可以用"连续"标注命令依次标注 60°和 45°两个角度尺寸。命令序列如下：

命令：_dimcontinue

指定第二条延伸线原点或[放弃(U)/选择(S)]＜选择＞：

标注文字 = 60

指定第二条延伸线原点或[放弃(U)/选择(S)]＜选择＞：

标注文字 = 45

指定第二条延伸线原点或[放弃(U)/选择(S)]＜选择＞：

按两次回车键或单击鼠标右键,在快捷菜单中选择"取消"命令,标注完成并回到命令等待状态。

三、直径尺寸的标注

标注直径尺寸,可根据标注圆的大小及尺寸数字的位置、形式不同,选择"GB-35""直径1""直径2"标注样式。

调用"直径"标注命令方法主要有如下三种。

◆ 键盘输入：DIMDIAMETER 或 DIMDIA。

◆ "标注"菜单：选择"标注"菜单中的"直径"命令。

◆ "标注"工具栏：单击"标注"工具栏中的 ⊘ 按钮。

下面以图 6-27 所示的直径尺寸标注为例,先标注直径尺寸 ϕ30,再标注直径尺寸 ϕ80,最后标注小圆直径尺寸 4×ϕ10。

AutoCAD 命令提示如下：

命令：_dimdiameter

选择圆弧或圆：(选择 ϕ30 的圆)

标注文字 = 30

指定尺寸线位置或[多行文字(M)/文字(T)/角度(A)]：(指定尺寸线位置,则完成
    ϕ30 圆的标注)

命令：

命令：_dimdiameter

选择圆弧或圆：(选择 ϕ80 的圆)

标注文字 = 80

指定尺寸线位置或[多行文字(M)/文字(T)/角度(A)]：(指定尺寸线位置,则完成
    ϕ80 圆的标注)

命令：

命令：_dimdiameter

选择圆弧或圆：(选择其中一个 ϕ10 的小圆)

标注文字 = 10

指定尺寸线位置或[多行文字(M)/文字(T)/角度(A)]：T(输入改变默认标注文字选项 T)

输入标注文字<10>:4×%%C10(输入 4×φ10 的文字与控制码)
指定尺寸线位置或[多行文字(M)/文字(T)/角度(A)]:(指定尺寸线的位置)
命令:

命令结束,系统回到命令等待状态。

图 6-27 中(a)、(b)、(c)分别是使用"GB-35""直径 1""直径 2"三种标注样式,标注同一形状图形所生成尺寸形式的比较。从图中可以看出,φ30 的尺寸不宜使用"GB-35""直径 1"两种标注样式;4×φ10 的尺寸不宜使用"直径 2"标注样式。

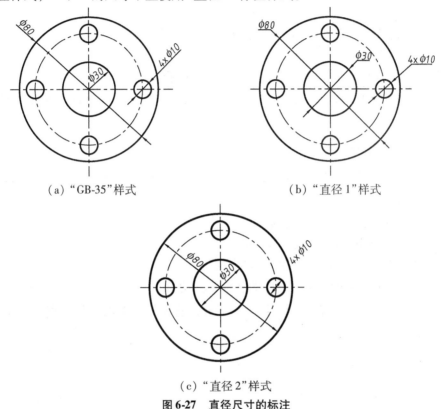

图 6-27　直径尺寸的标注

四、半径尺寸的标注

标注半径尺寸,可根据标注圆弧的大小及尺寸数字的位置、形式不同,选择"GB-35"与"直径 1"两种标注样式。

"半径"标注命令调用方法主要有如下三种。

◆ 键盘输入:DIMRADIUS 或 DIMRAD。

◆ "标注"菜单:选择"标注"菜单中的"半径"命令;当圆弧半径较大,尺寸标注不能表示圆心位置时,选择"折弯"命令。

◆ "标注"工具栏:单击"标注"工具栏中的 按钮;当圆弧半径较大,尺寸标注不能表示圆心位置时,单击 按钮。

以图 6-28 所示的半径尺寸 R10 的圆弧为例,AutoCAD 命令行提示为:
命令:_dimradius
选择圆弧或圆:(选择 R10 的圆弧)

标注文字=10

指定尺寸线位置或[多行文字(M)/文字(T)/角度(A)]:(指定尺寸线位置,则完成R10圆弧的标注)

命令:

命令结束,系统回到命令等待状态。

图6-28中(a)、(b)分别是使用"GB-35""直径1"两种标注样式,标注同一形状图形所生成尺寸形式的比较。从图中可以看出,所有标注均符合标准的规定,只是标注形式不同而已。

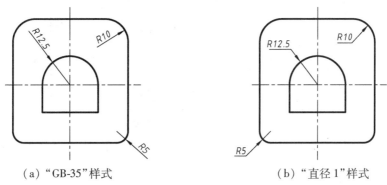

(a)"GB-35"样式　　　　　　(b)"直径1"样式

图6-28　半径尺寸的标注

五、引线标注

使用引线标注可以在图形之外给图形添加注释,注释的类型有多行文字、复制对象、形位公差与块参照等。

"引线"标注命令可以通过键盘输入:QLEADER 或 LE。

执行"引线"标注命令后,AutoCAD 命令行提示为:

命令:_qleader

指定第一个引线点或[设置(S)]<设置>:

在上面的提示下按回车键,将打开"引线设置"对话框,该对话框包含三个选项卡,从中可设置引线标注的格式。

①"注释"选项卡:设置引线标注"注释类型""多行文字选项"及是否"重复使用注释",如图6-29所示。

图6-29　"注释"选项卡

② "引线和箭头"选项卡:设置引线和箭头的格式,如引线的形式、点数,箭头的形式,前两段引线方向的约束条件,如图 6-30 所示。

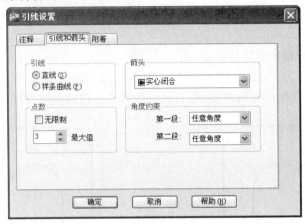

图 6-30 "引线和箭头"选项卡

③ "附着"选项卡:当注释类型为多行文字时才有该选项卡,用于设置多行文字注释相对于引线终点的位置,如图 6-31 所示。

设置完成后,后续提示为:

指定第一个引线点或[设置(S)]<设置>:(若注释的类型为多行文字,此时指定引线的起始点)

指定下一点:(指定第一段引线的下一点)

指定下一点:(指定第二段引线的下一点)

指定文字宽度<0>:10(给定文字的宽度)

输入注释文字的第一行<多行文字(M)>:%%C8

输入注释文字的下一行:%%C16

输入注释文字的下一行:

按回车键结束多行文字注释,标注结果如图 6-32 所示。

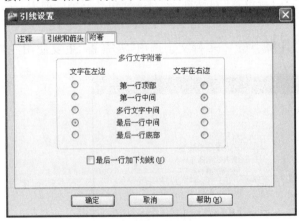

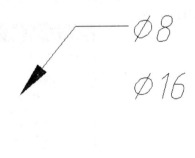

图 6-31 "附着"选项卡   图 6-32 引线标注的结果

六、形位公差标注

形位公差的标注样式一般由指引线、形位公差框格、形位公差符号、形位公差值及基准代号等组成。形位公差一般使用的标注样式如图 6-33 所示。

图 6-33 "形位公差"对话框的选项操作与标注结果

我们可以使用"引线"标注命令标注形位公差,操作步骤如下:

1. 执行"引线"命令,把注释类型设置为公差

命令:QLEADR 或 LE

指定第一个引线点或[设置(S)]<设置>:

在上面的提示下按回车键,将打开"引线设置"对话框(图 6-29),在"注释"选项卡中,将引线标注的"注释类型"设置为"公差"。

2. 指定引线并打开"形位公差"对话框

注释类型设置完成后,AutoCAD 将提示指定引线的端点,端点指定后,自动打开"形位公差"对话框,如图 6-34 所示。

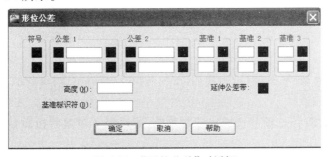

图 6-34 "形位公差"对话框

3. 设置形位公差的符号、值、基准等参数

(1)"符号"选项

单击"符号"下方的黑色方框,将打开"特征符号"选择框,在该选择框中可以选择几何特征符号,如图 6-35 所示。

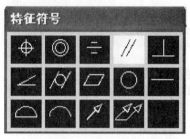
图 6-35 "特征符号"选择框

图 6-36 包容条件选择

(2)"公差"选项组

单击"公差1""公差2"选项组前面的黑色方框,将在公差数值前插入一个直径符号"ϕ",在中间的文本框中可输入公差数值,单击"公差1"选项组后面的黑色方框,可以为公差选择包容条件符号,如图 6-36 所示。

(3)"基准"选项组

在"基准1""基准2""基准3"选项组的文本框中可以设置公差基准,单击其后的黑色方框,可以设置包容条件。

第六节 尺寸对象的编辑

在 AutoCAD 2020 中,我们可以对已经标注完成的尺寸进行文字、标注位置、标注样式等内容的修改,而不必删除不适当的标注对象再重新进行标注。

一、编辑标注

执行"编辑标注"命令,单击"标注"工具栏中的"编辑标注"按钮 ,此时命令行提示如下:

命令:_dimedit

输入标注编辑类型[默认(H)/新建(N)/旋转(R)/倾斜(O)]<默认>:

各选项的意义如下。

① 默认(H):选择该选项并选择尺寸对象后,所选尺寸对象将按默认位置与方向放置尺寸文字。

② 新建(N):选择该选项后,此时系统显示"文字格式"对话框与文字输入窗口,可修改尺寸文字。修改或输入尺寸文字后,选择编辑的尺寸对象即可。

③ 旋转(R):该选项将尺寸文字旋转一定的角度。

④ 倾斜(O):该选项将非角度标注的尺寸界线倾斜一定角度。

二、编辑标注文字

执行"编辑标注文字"命令,单击"标注"工具栏中的"编辑标注文字"按钮 ,此时命令行提示如下:

命令:_dimtedit

选择标注:

指定标注文字的新位置或[左(L)/右(R)/中心(C)/默认(H)/角度(A)]：

可以在默认选项状态下通过拖动光标来确定尺寸文字的新位置，也可以进行选项操作来指定尺寸文字的新位置。

三、标注更新

执行"标注更新"命令，单击"标注"工具栏中的"更新标注"按钮，也可选择"标注"菜单中的"更新"命令，此时命令行提示如下：

命令：_dimstyle

当前标注样式：GB-35　注释性：否

输入标注样式选项[注释性(AN)/保存(S)/恢复(R)/状态(ST)/变量(V)/应用(A)/?]
　　　<恢复>：_apply

选择对象：

选择某一标注对象后，该尺寸将按照当前标注样式(GB-35)更新标注。

实训六　文本与尺寸标注练习

练习1：创建工程字体文字样式。

① 使用样板 acadiso.dwt 建立新图形文件。

② 打开"文字样式"对话框，建立"工程斜体""工程直体"文字样式；并在 E 盘上创建文件夹"E:\CAD 实训六"，把新建图形另存为"6-1.dwg"图形文件。

③ 在"6-1.dwg"中使用建立的文字样式进行文本的注写练习。

练习2：文字标注练习。

打开配套教学素材中"上机实训用图\实训六"目录下的"6-2.dwg"图形文件。

① 把下列技术要求注写于图样的适当位置："技术要求"(七号字)；"虎钳安装后，螺杆应转动灵活，两钳口板之间的最小间距不小于 1 mm"(五号字)。

② 使用"单行文本"命令填写标题栏与明细表中的内容(图6-37)。

11	钳 座	1	HT200	
10	调整垫	1	Q275	
9	螺 杆	1	45	
8	螺 钉	4	35	GB68-85
7	钳口板	2	65Mn	
6	螺 钉	1	Q235	
5	方块螺母	1	Q275	
4	活动钳口	1	HT200	
3	垫 圈	1	Q235	GB97.1-85
2	螺 母	1	Q235	GB6170-86
1	开口销	1	35	GB91-86
序号	零件名称	数量	材 料	备 注

平虎钳　比例 1:1　重量

班级　　　日 期　　　共 张 第 张　成绩
制图
审核　　　　　　　　　XXXX职业技术学院

图6-37　标题栏与明细表的标注练习

练习3：创建工程标注尺寸样式。

① 打开练习1创建的"6-1.dwg"图形文件。

② 打开"标注样式管理器"对话框，按教材内容建立"GB-35""角度样式""直径1""前后缀"（在线性尺寸数字前后加注φ与H7）等尺寸样式，并把图形以"6-3.dwg"为文件名另存于文件夹"E:\CAD实训六"中。

③ 在"6-3.dwg"中绘制简单的平面图形，并使用建立的尺寸样式进行尺寸标注练习。

练习4：平面图形尺寸标注练习。

① 打开配套教学素材中"上机实训用图\实训六"目录下的"6-4-1.dwg"图形文件，选择适当的尺寸样式，正确标注平面图形的尺寸。

② 打开配套教学素材中"上机实训用图\实训六"目录下的"6-4-2.dwg"图形文件，选择适当的尺寸样式，正确标注平面图形的尺寸。

③ 打开配套教学素材中"上机实训用图\实训六"目录下的"6-4-3.dwg"图形文件，选择适当的尺寸样式，正确标注平面图形的尺寸。

④ 打开配套教学素材中"上机实训用图\实训六"目录下的"6-4-4.dwg"图形文件，选择适当的尺寸样式，正确标注平面图形的尺寸。

⑤ 打开配套教学素材中"上机实训用图\实训六"目录下的"6-4-5.dwg"图形文件，选择适当的尺寸样式，正确标注平面图形的尺寸。

⑥ 打开配套教学素材中"上机实训用图\实训六"目录下的"6-4-6.dwg"图形文件，选择适当的尺寸样式，正确标注平面图形的尺寸。

⑦ 打开配套教学素材中"上机实训用图\实训六"目录下的"6-4-7.dwg"图形文件，选择适当的尺寸样式，正确标注平面图形的尺寸。

⑧ 打开配套教学素材中"上机实训用图\实训六"目录下的"6-4-8.dwg"图形文件，选择适当的尺寸样式，正确标注平面图形的尺寸。

练习5：三视图尺寸标注练习。

① 打开配套教学素材中"上机实训用图\实训六"目录下的"6-5-1.dwg"图形文件，选择适当的尺寸样式，正确标注组合体的尺寸。

② 打开配套教学素材中"上机实训用图\实训六"目录下的"6-5-2.dwg"图形文件，选择适当的尺寸样式，正确标注组合体的尺寸。

③ 打开配套教学素材中"上机实训用图\实训六"目录下的"6-5-3.dwg"图形文件，选择适当的尺寸样式，正确标注组合体的尺寸。

④ 打开配套教学素材中"上机实训用图\实训六"目录下的"6-5-4.dwg"图形文件，选择适当的尺寸样式，正确标注组合体的尺寸。

练习6：零件图上尺寸公差的标注练习。

① 打开配套教学素材中"上机实训用图\实训六"目录下的"6-6-1.dwg"图形文件，选择适当的尺寸样式，正确标注零件图上尺寸的公差带代号。

② 打开配套教学素材中"上机实训用图\实训六"目录下的"6-6-2.dwg"图形文件，选择适当的尺寸样式，正确标注零件图上的极限偏差。

练习7：零件图上形位公差的标注练习。

① 打开配套教学素材中"上机实训用图\实训六"目录下的"6-7-1.dwg"图形文件，选择适当的尺寸样式，正确标注零件图上的形状公差。

② 打开配套教学素材中"上机实训用图\实训六"目录下的"6-7-2.dwg"图形文件，选择适当的尺寸样式，正确标注零件图上的位置公差。

第七章

剖面线与材料图例的绘制

主要学习目标

◆ 掌握工程图样中剖面线的绘制与编辑方法。
◆ 掌握材料图例填充的基本方法。

在剖视图、断面图的绘制中,我们通常要在这些图样中绘制剖面线或材料图例。利用 AutoCAD 提供的"图案填充"命令,可以方便地绘制出这些特定的图形对象。

第一节 图案填充命令

一、图案填充命令的输入

启动图案填充对话框的方法有如下三种。

◆ 键盘输入:BHATCH、HATCH 或 H。
◆ "绘图"菜单:选择"绘图"菜单中的"图案填充"命令。
◆ 功能区"绘图"面板:单击功能区"绘图"面板上的"图案填充"按钮。

执行命令后,AutoCAD 命令行提示:
_hatch
拾取内部点或[选择对象(S)/放弃(U)/设置(T)]:
对于该提示输入"T",系统会弹出"图案填充和渐变色"对话框。在该对话框中,有"图案填充"和"渐变色"两个选项卡,绘制剖面线与材料图例使用"图案填充"选项卡,如图 7-1 所示。

二、图案填充的设置

该选项卡有五个选项区,可以设置图案填充的"类型和图案""角度和比例"等特性。

1. "类型和图案"选项区

① 在"类型"下拉列表框中有三个选项,选择"预定义"选项,可以使用 AutoCAD 标准填

充图案文件(ACAD.PAT)中的图案进行填充。

图 7-1 "图案填充"选项卡

② 在"图案"下拉列表框的右侧单击"图案选择"按钮 ... ，打开"填充图案选项板"对话框(当类型选择的是"预定义"时才可用)，如图 7-2 所示，从中可选择"ANSI""ISO""其他预定义"的预定义图案。

图 7-2 "ANSI"选项卡

③ 在"颜色"下拉列表框中可指定填充对象的颜色与背景色。

④ 在"样例"预览窗口中显示当前选中图案的样例，用鼠标左键单击样例，也可打开"填充图案选项板"对话框。

⑤ 在"自定义图案"下拉列表框中可选择自定义图案，此选项只有在"类型"选择为"自定

义"而又有自定义图案时才可用。

2．"角度和比例"选项区

① 在"角度"下拉列表框中可以选择或输入图案填充时的旋转角度,图案填充的初始角度为0°。

② 在"比例"下拉列表框中可以设置图案填充时的比例,也就是放大或缩小图案中图形对象间的距离。此比例初始值为1。

3．"图案填充原点"选项区

在进行图案填充时,有时要对齐填充边界上的某一个点,此时,要选择图案填充原点。

① 选中"使用当前原点"单选按钮,可以使用当前UCS坐标原点(0,0)作为图案填充的原点。

② 选中"指定的原点"单选按钮,单击"单击以设置新原点"按钮 ⊠,可在绘图区根据需要拾取一点作为图案填充的原点;选中"默认为边界范围"复选框,可以将左下角、右上角、右下角、左上角或圆心作为图案填充的原点;选择"存储为默认原点"复选框,可以将指定的点存储为默认的图案填充原点。

4．"边界"选项区

指定图案填充的边界,有"拾取点"与"选择对象"两种方式。

① 单击"添加:拾取点"按钮 ⊠,将切换到绘图窗口,可在需要填充的封闭区域内任意指定一点,系统会自动搜索包围该点的填充边界,并使该边界变虚显示。若指定点不处在一个封闭区域内,将出现提示信息。

② 单击"添加:选择对象"按钮 ⊠,也将切换到绘图窗口,可选择围成封闭区域的图形对象,选择后这些对象将变虚显示。使用"选择对象"的方式进行图案填充时应注意,围成封闭区域的各图形对象应当是首尾相接的。

③ 单击"删除边界"按钮 ,可取消用户指定和系统自动选择的填充边界。图7-3是使用删除边界功能取消图中四个小圆作为填充边界后的填充变化。

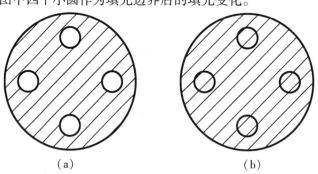

(a)　　　　　　　　(b)

图7-3　是否"删除边界"填充对比

5．"选项"选项区

① 选中"关联"复选框后,图案填充将随边界区域的变化而变化;否则边界变化时,图案填充将不发生变化。

② 选中"创建独立的图案填充"复选框后,使用一个图案填充命令创建的若干个图案填充将相互独立,可分别对它们进行编辑修改;否则,它们将是一个整体,不能分别进行编辑修改。

③ 单击"继承特性"按钮 ![icon]，可选择已建立的图案填充，使将创建的图案填充、选定的图案填充等继承其填充特性。

第二节　剖面线与材料图例绘制举例

【例 7-1】　如图 7-4 所示，要在剖视图与断面图中绘制剖面线，方法与步骤如下：
① 绘制形体的视图或打开已经创建的图形文件。
② 单击"绘图"工具栏中的"图案填充"按钮 ![icon]，打开"图案填充和渐变色"对话框，选择"图案填充"选项卡，如图 7-1 所示。
③ 在"图案"下拉列表框的右侧单击"图案选择"按钮 ![icon]，打开"填充图案选项板"对话框，如图 7-2 所示。从"ANSI"预定义图案中选择"ANSI31"，单击"确定"按钮。
④ 单击"添加:拾取点"按钮 ![icon]，将切换到绘图窗口，在需要绘制剖面线的各封闭区域内任意指定一点，以选择绘制剖面线的各个区域，选择完成后，按回车键或单击鼠标右键，在弹出的快捷菜单中选择"确定"命令，回到"图案填充和渐变色"对话框。
⑤ 在"图案填充和渐变色"对话框中单击"确定"按钮完成图案填充。

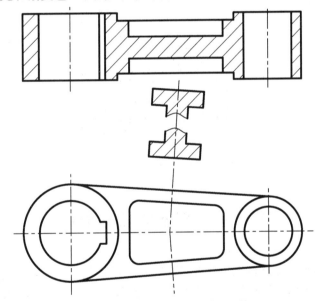

图 7-4　剖视图与断面图的剖面线

【例 7-2】　如图 7-5(a)所示，在非封闭区域中绘制图案填充，方法如下：
① 建立一辅助图层，在该图层上绘制辅助线使该区域封闭，如图 7-5(b)所示。
② 把绘制剖面线的图层设为当前层，在图示区域中绘制剖面线，如图 7-5(c)所示。
③ 关闭辅助线图层。

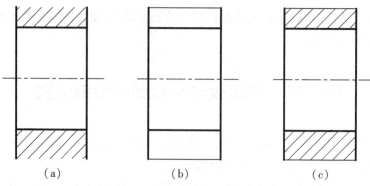

图 7-5 非封闭区域的图案填充

【例 7-3】 如图 7-6 所示,在装配图中相邻零件的剖面线方向或间距应该不同。在这种情况下,应调整"图案填充"选项卡的"角度和比例"区中角度和比例值,如将零件 1 的"角度"设置为 90°;而零件 3 的"比例"应比零件 1 小,"角度"与之相同;零件 2 的"角度"为 0°。

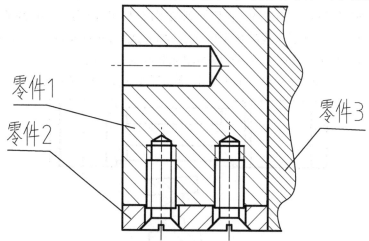

图 7-6 装配中相邻零件剖面线的方向与间距

第三节 图案填充的编辑

对已经建立的图案填充进行编辑修改,方法与步骤如下:

① 选定拟编辑的图案填充,然后单击鼠标右键,弹出快捷菜单,如图 7-7 所示。

② 在快捷菜单中选择"图案填充编辑"命令,打开"图案填充编辑"对话框,如图 7-8 所示。

③ 在"图案填充编辑"对话框中,则可以对选定的图案填充进行编辑,修改填充对象的类型和图案、角度和比例、填充原点、边界、关联性等内容。

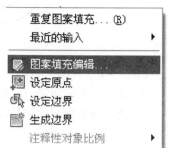

图 7-7 图案填充右键快捷菜单

图 7-8 "图案填充编辑"对话框

实训七 图案填充与剖视(断面)图绘制练习

练习1：分别打开配套教学素材中"上机实训用图\实训七"目录下的"7-1.dwg""7-2.dwg""7-3.dwg""7-4.dwg""7-5.dwg"图形文件,对照左图要求,对右图的相应区域进行填充。

练习2：剖视图与断面图绘制练习。

① 打开配套教学素材中"上机实训用图\实训七"目录下的"7-6-1.dwg"图形文件,按图中尺寸绘制图7-9。

② 打开配套教学素材中"上机实训用图\实训七"目录下的"7-6-2.dwg"图形文件,按图中尺寸绘制图7-10。

③ 打开配套教学素材中"上机实训用图\实训七"目录下的"7-6-3.dwg"图形文件,按图中尺寸绘制图7-11。

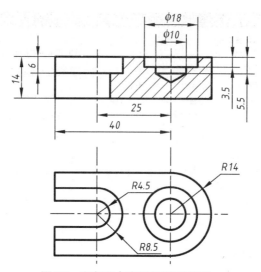

图 7-9 剖视图与断面图绘制练习一

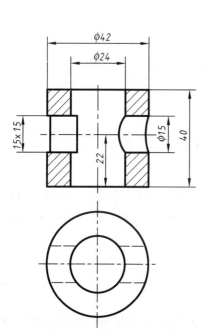

图 7-10 剖视图与断面图绘制练习二

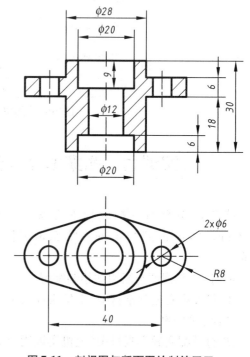

图 7-11 剖视图与断面图绘制练习三

④ 打开配套教学素材中"上机实训用图\实训七"目录下的"7-6-4.dwg"图形文件,按图中尺寸绘制图 7-12。

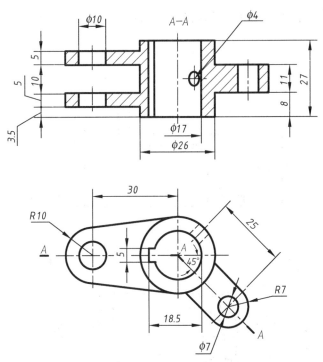

图 7-12　剖视图与断面图绘制练习四

⑤ 打开配套教学素材中"上机实训用图\实训七"目录下的"7-6-5.dwg"图形文件,按图中尺寸绘制图 7-13。

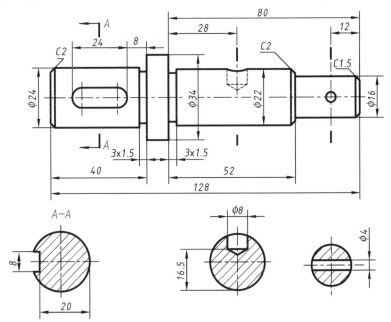

图 7-13　剖视图与断面图绘制练习五

⑥ 打开配套教学素材中"上机实训用图\实训七"目录下的"7-6-6.dwg"图形文件,按图中尺寸绘制图7-14。

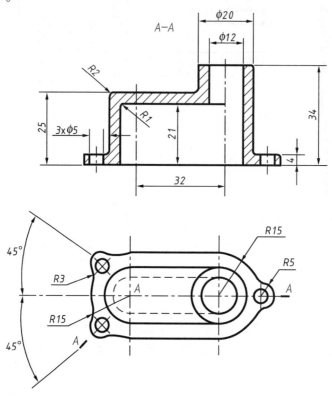

图7-14 剖视图与断面图绘制练习六

第八章

块、属性与外部参照的应用

主要学习目标

- ◆ 掌握块的创建与插入的方法。
- ◆ 掌握属性的定义及附加属性块的创建方法。
- ◆ 掌握把工程图中常用图形符号创建为块的步骤与方法。
- ◆ 掌握图形块的创建与插入方法。

在绘制工程图样中,我们会经常遇到一些图形符号、重复绘制的图形、部分或完全借用已经建立的图形文件等,此时,我们可以把这些图形创建成块,并根据需要为块附加属性,可以将其十分方便地插入指定位置,从而提高绘图效率。

当我们要完全引用已建立的图形文件时,还可以把这些图形文件以参照的形式插入当前图形。

第一节 块的创建与插入

一、块的创建

创建块的一般步骤如下。

1. 绘制图形或打开图形文件

要把某一图形定义成块,首先要按尺寸准确地绘出这些图形。为了准确地绘制图形,我们要熟练使用绘图辅助工具中的捕捉、栅格、极轴与对象捕捉等功能,还应注意不要在 0 层上绘制图形对象(因为在 0 层上绘制的对象在插入时会放置于图形的当前层),可按图线的类型要求分别绘制在不同的图层上,也可绘制在某一专门建立的图层上。

例如,我们要创建机械图中标注表面粗糙度的符号,如图 8-1 所示。为了能够准确地绘制符号,在绘制符号前,应把捕

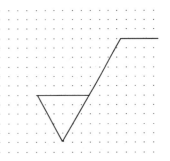

图 8-1 粗糙度符号的绘制

捉和栅格的间距设置为1,极轴增量角设置为30°。如果此时因栅格间距太小不能显示栅格点,则要使用窗口缩放,将绘图区域缩放至合适大小,然后按尺寸画出组成符号的图形。

2. 启动块创建命令

我们可以用如下三种方法启动"块定义"对话框(图8-2)。

◆ 键盘输入:BLOCK、BMAKE 或 B。

◆ "绘图"菜单:选择"绘图"→"块"→"创建"命令。

◆ "绘图"或"功能区"工具栏:单击"绘图"或"功能区"工具栏中的"块创建"按钮。

图8-2 "块定义"对话框

3. 定义块

① 命名:在"块定义"对话框的"名称"列表框中,对拟创建的块命名,如"粗糙度符号"。

② 指定块插入时的基准点:一般用拾取点的方式给定插入时的基准点。方法是:单击"拾取点"按钮,系统将回到绘图窗口,此时用光标"捕捉"粗糙度符号的下方三角顶点。

③ 选择对象:单击"选择对象"按钮,系统将回到绘图窗口,可用各种选择方式选择块所包含的对象。

对所选择的对象创建为块之后的处理方式有三种,即"保留""转换为块""删除",可根据具体情况选定。

④ 选中"允许分解"复选框,对创建的块使用"插入"命令插入后,可用"分解"(EXPLODE)命令将块分解。

其他选项可使用默认设置,以上操作完成后单击"确定"按钮。

二、块的插入

1. 启动块插入命令

我们可以用如下几种方法启动"插入"对话框(图8-3)。

◆ 键盘输入:INSERT 或 I。

◆ "插入"菜单:选择"插入"菜单中的"块"命令。

◆ "绘图"或"功能区"工具栏:单击"绘图"或"功能区"工具栏中的"插入块"按钮。

图 8-3　"插入"对话框

2. 插入块

① 选择块名：在"插入"对话框的"名称"列表框中选择拟插入的块名，如"表面粗糙度符号"。

② 指定块的插入点：一般选用"在屏幕上指定"的方式给定块的插入位置。方法是：在"插入"对话框中选中"在屏幕上指定"复选框。还有一种方式是不选中"在屏幕上指定"复选框，在下面的坐标输入框中直接给定插入点的坐标。

③ 设定块插入时的缩放比例：一般使用默认比例，即 X、Y、Z 三个方向的缩放比例系数为1，也可根据需要改变比例系数，对于图纸上的符号，其比例系数通常为 2、1.4、0.7 等。也可使用"在屏幕上指定"的方式给定缩放比例。

④ 给定块插入的方向：根据块在图形中的方向是否经常变化，选择块插入时旋转角给定的方式。若块的方向要经常变化，为了操作方便，我们可选中"在屏幕上指定"复选框，在后续操作中用鼠标指定块的方向；若块的方向总是一定的角度，则不选中"在屏幕上指定"复选框，在下方的"角度"输入框中直接给定角度值。

上述选项操作完成后，单击"确定"按钮，系统回到绘图窗口，命令行将出现有关插入点、缩放比例、旋转角的提示，回答后即完成块的插入。

3. 分解块

在"插入"对话框的左下角有一个"分解"复选框，若在插入时没有选中该复选框，则插入到图形中的块将是一个整体，我们可以使用"分解"（EXPLODE）命令将其分解。

三、块图形文件的创建

需要指出的是，使用"块创建"（BLOCK 或 BMAKE）命令建立的块通常只能在当前图形文件中直接插入。而要使我们建立的块在别的图形文件中也能应用，要选择另外的途径：一种是把创建块的图形文件存为样板图形文件，在建立新图形文件时以此为样板，在创建的新图中就继承了块的定义；第二种是利用 AutoCAD 设计中心间接使用插入块的命令（将在第十一章中加以介绍）；第三种是使用"写块"（WBLOCK）命令把块保存为图形文件，就可以使用"插入"命令把该图形块插入另外的任一图形中。这里我们介绍最后一种方式。

1. 绘制图形或打开图形文件

可以把某一图形文件中已定义的块、部分图形或整张图形定义成块文件。

2. 启动"写块"命令

可以从键盘上输入"WBLOCK"命令，启动"写块"对话框，如图 8-4 所示。

图 8-4 "写块"对话框

3. 写块的方式

从"写块"对话框的"源"选项区可以看出,写块的方式有三种,可以把该图形文件中已经存在的块、当前图形的全部或部分存入磁盘写为块图形文件,如图 8-4 所示。

其中,当选中"块"方式时,要在其后的块名列表框中选择将要被写块的块名。当选中"对象"方式时,要与"块定义"命令一样,指定插入基点与选择对象等操作。当选中"整个图形"方式时,默认的插入基点为坐标原点(0,0)。为了便于在以后的插入中对正,我们可使用"基点"(BASE)命令重新设置插入基点。执行"基点"命令,除了通过从键盘输入"BASE"以外,还可以选择"绘图"→"块"→"基点"命令。

4. 写块的文件名和路径

实际上,我们可以使用写块命令创建我们自己的图形库或图形符号库,以减少重复性的绘图工作,从而大大提高绘图效率。为了便于"图块文件"的管理,我们应把这些"图块文件"分门别类地存入指定的文件夹并赋予与图形内容相称的名称。单击图 8-4 所示"文件名和路径"列表框后的按钮 ... ,弹出"浏览图形文件"对话框,从中可以建立、指定文件夹,并对块图形文件进行命名等操作,如图 8-5 所示。

图 8-5 "浏览图形文件"对话框

四、块文件的插入

插入块图形文件的命令也是"INSERT"命令,在操作时从"插入"对话框中单击"浏览"按钮,弹出"选择图形文件"对话框,从中选择要插入的块图形文件,如图 8-6 所示。单击"打开"按钮后,系统回到如图 8-3 所示的"插入"对话框,其后的操作同前面介绍的块的插入方法基本相同,需要指定块的插入点、比例与角度。

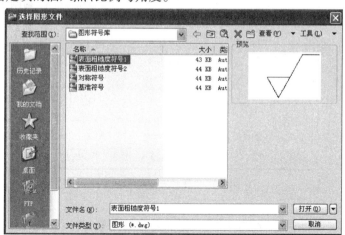

图 8-6 "选择图形文件"对话框

实际上,我们可以使用"INSERT"命令在当前图形中插入磁盘上其他图形文件的全部图形对象,只不过在插入时,插入的基准点为坐标原点(0,0)。在绘制装配图中,为了使各零件定位准确,我们需要在插入前改变这一插入的基准点。

改变插入基点的方式一般有以下两种。

◆ 键盘输入:BASE。

◆ "绘图"菜单:选择"绘图"→"块"→"基点"命令。

第二节 属性的应用

属性作为块中可变的特殊文本对象,它是块的一个组成部分,从属于块,当利用"删除"命令删除块时,属性也被删除了。但属性不同于块中的一般文本,它具有插入时的可变性与插入后的可修改性。

一、属性的定义

我们可以使用 AutoCAD 提供的对话框来定义属性,打开对话框的方法有如下几种。
◆ 键盘输入:DDATTDEF、ATTDEF 或 ATT。
◆ 功能区"插入"面板:选择"插入"→"块定义"→"定义属性"命令。
◆ "绘图"菜单:选择"绘图"→"块"→"定义属性"命令。

用上述方法中的任意一种方法执行命令后,AutoCAD 会弹出如图 8-7 所示的"属性定义"对话框。

图 8-7 "属性定义"对话框

各选项组的意义如下。
① "属性"选项区:用于设置属性的标记、插入时的命令行提示与属性的默认值。
② "文字设置"选项组:用于设置属性文字的对齐方式、文字样式、字体高度与标注方向,选择属性值是否为注释性属性值。
③ "插入点"选项区:用于设置属性的插入点。一般用鼠标在屏幕上指定。
④ "模式"选项区:用于设置属性的可见性,属性是否为固定值,在插入块时是否对输入的属性值进行验证,是否将属性值预置为默认值。

二、附有属性块的创建举例

【例 8-1】 创建在机械零件图中标注表面粗糙度的块,该块在标注符号的同时能标注可变化的粗糙度值。

具体操作步骤如下：

① 画图形符号。打开或新建图形文件，按尺寸画出如图 8-1 所示的粗糙度图形符号，方法与前面创建块的方法相同。

② 定义属性。执行"属性定义"命令，打开"属性定义"对话框，在对话框中设置标注粗糙度值所需要的属性标记、插入时的提示内容、粗糙度的默认值及有关标注文字的对齐方式、文字样式、高度等，如图 8-8 所示。单击"确定"按钮，系统回到绘图窗口，在粗糙度符号上按文字对齐方式指定属性的插入点，如图 8-9 所示。

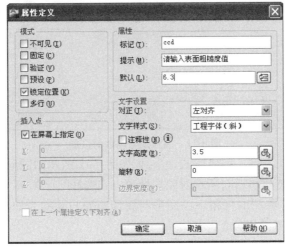

图 8-8　粗糙度符号属性的设置

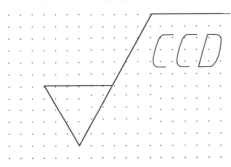

图 8-9　把属性插入粗糙度符号中

③ 把属性附加给块。输入创建块的命令，把如图 8-9 所示的图形与属性一起创建为块，块名为"粗糙度符号1"，创建块后对所选对象的处理方式选择"删除"。

【例 8-2】　创建在机械图中标注位置公差基准代号的块，该块在标注基准代号时能标注可变化的基准编号。

具体操作步骤如下：

① 画图形符号。打开或新建图形文件，按尺寸画出如图 8-10 所示的基准代号图形符号。

② 定义属性。执行"属性定义"命令，打开"属性定义"对话框，在对话框中设置标注基准编号所需要的属性标记、插入时的提示内容、基准编号的默认值及有关标注文字的对齐方式、文字样式、高度等，如图 8-11 所示。然后单击"确定"按钮，系统回到绘图窗口，在基

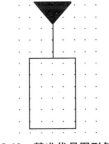

图 8-10　基准代号图形符号

准代号的上方按文字对齐方式指定属性的插入点,如图 8-12 所示。

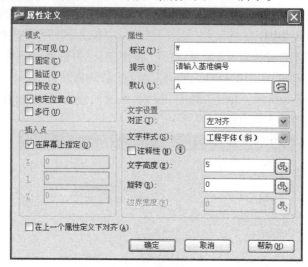

图 8-11　基准编号属性的设置

③ 把属性附加给块。输入创建块的命令,把如图 8-12 所示的图形与属性一起创建为块,块名为"基准代号 1",创建块后对所选对象的处理方式选择"保留"。

④ 把创建"基准代号 1"时保留下的图形与属性镜像与平移为如图 8-13 所示的位置,并用块命令把它创建为"基准代号 2"。

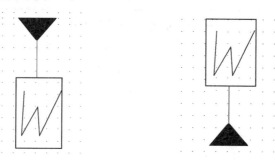

图 8-12　把属性插入基准代号中　　图 8-13　基准代号 2

【例 8-3】　创建在绘制低压电器控制电路中的接触器块,该块在插入电气图形中时能标注可变化的器件标识。

具体操作步骤如下:

① 画图形符号。接触器图形由接触器线圈、接触器主触点、接触器辅助常开触点与接触器辅助常闭触点组成,各组成部分图形符号如图 8-14 所示。打开或新建图形文件,按尺寸画出如图 8-14 所示的接触器图形符号,方法与前面创建块的方法相同。

图 8-14　接触器符号

② 定义属性。先定义接触器主触点的属性。执行"属性定义"命令,打开"属性定义"对

话框,在对话框中设置标注接触器主触点标识所需要的属性标记、插入时的提示内容、接触器主触点标识的默认值及有关标注文字的对齐方式、文字样式、高度等,如图8-15所示。单击"确定"按钮,系统回到绘图窗口,在接触器主触点符号上按文字对齐方式指定属性的插入点,如图8-16所示。

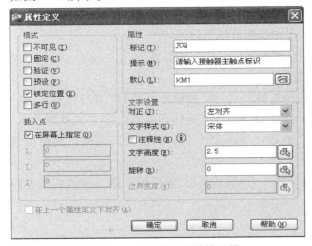 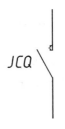

图8-15　粗糙度符号属性的设置　　　　　图8-16　把属性插入接触器主触点符号中

③ 把属性附加给块。执行创建块的命令(WBLOCK),把如图8-16所示的图形与属性一起创建为块,块名为"接触器主触点",如图8-17所示。

图8-17　接触器主触点带属性块的创建

④ 重复第②步和第③步的操作,分别把接触器辅助常开触点、接触器辅助常闭触点、接触器线圈创建成块。附加属性后的接触器辅助常开触点、接触器辅助常闭触点、接触器线圈如图8-18所示。

接触器辅助常开触点　　　　　接触器辅助常闭触点　　　　　接触器线圈

图8-18　附加属性后的接触器部件符号

三、附有属性块的插入

前面我们已经创建了四个带有属性的块,使用块插入命令就可在需要时插入这些符号,插入方法与插入普通的块的方法基本相同,只不过我们在插入这些块时要注意在命令行中会出现诸如"请输入表面粗糙度值""请输入基准编号"这样一些在定义属性时预设的提示,当出现这些提示时,只要输入一定的值或按回车键选择默认值即可。

例如,用块插入命令标注表面粗糙度或基准符号的方法与步骤如下:

① 执行块插入命令,打开"插入"对话框。

② 在"插入"对话框的"名称"下拉列表中选择块名,如"粗糙度符号1""基准代号2"等。

③ 在"插入"对话框中选择插入点、插入块的缩放比例、旋转角度或给定方式及单位等。一般插入点应选中"在屏幕上指定"复选框,缩放比例给定为 1,0.7,1.4,2,旋转角度根据情况而定,然后单击"确定"按钮。

④ 根据实际情况在图形窗口指定符号的插入点、旋转角度、属性值。插入示例如图8-19所示。

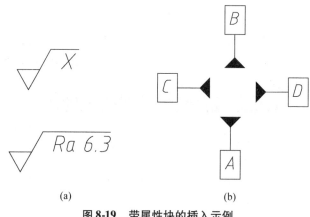

图 8-19　带属性块的插入示例

第三节　外部参照的使用

使用块插入命令和外部参照命令都可以把任意图形文件中的整个图形插入当前图形(称为主图形文件)中,两者的插入看起来很相似,但它们实质上是有区别的。使用块插入命令是把图形永久性地插入主图形文件中,成为主图形文件的一部分,与原图形文件就没有任何关系了,原图形文件改变并不会改变主图形文件;而以外部参照方式将某一图形插入主图形文件后,主图形还记录了它们之间的参照关系,如参照图形文件的路径信息等,当打开具有外部参照的图形时,系统会自动把各外部参照图形文件重新调入内存并在当前图形中显示出来,对参照图形文件的编辑操作会对主图形文件产生相应的影响。

一、外部参照命令

要以外部参照的方式插入图形文件,首先我们要调用外部参照命令,有以下两种方法。

◆ 键盘输入:XATTACH 或 XA。

◆ "插入"菜单:选择"插入"菜单中的"DWG参照"命令。

用上述任一种方法输入外部参照命令后,系统弹出如图8-20所示的"选择参照文件"对话框,在该对话框中选择参照图形后,打开如图8-21所示的"附着外部参照"对话框。

图8-20 "选择参照文件"对话框

从图8-21可以看出,使用外部参照与插入块的方法是很类似的,只是多了几个特殊选项。

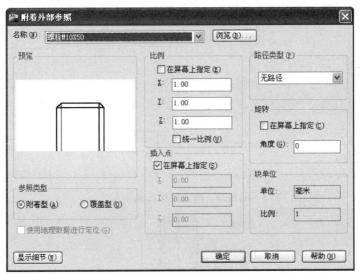

图8-21 "附着外部参照"对话框

二、外部参照的特殊选项

1. "参照类型"选项区

在"参照类型"选项区中有"附着型"与"覆盖型"两个单选按钮,如果选中"附着型"单选按钮,将显示嵌套参照中的嵌套内容;若选中"覆盖型"单选按钮,则不显示嵌套参照中的嵌套内容。

2. "路径类型"选项区

在"路径类型"下拉列表中有"完全路径""相对路径""无路径"三种类型,各选项的使用场合如下。

① "完全路径"选项：当使用完全路径附着外部参照时，外部参照图形文件的精确位置将保存到主图形文件中去。使用该选项后，如果移动了工程项目文件夹，在打开主图形文件时，AutoCAD 将无法融入附着的外部参照。

② "相对路径"选项：当使用相对路径附着外部参照时，外部参照图形文件以相对路径保存到主图形文件中。使用该选项后，若移动了工程项目文件夹，而主图形文件与外部参照文件的相对位置不变，在打开主图形文件时不影响外部参照的融入。

③ "无路径"选项：当外部参照文件与主图形文件处于同一文件夹时，可以使用该选项。

三、附着外部参照举例

如图 8-22 所示，分别用插入块与外部参照的方式把"参照图形"目录下的"螺栓 M10×50.dwg""垫圈 10.dwg""螺母 M10.dwg"中的图形插入"被连接零件图.dwg"中去。

两种方式创建的主图形看起来没有差别，如图 8-23 所示。

使用插入块的方式创建的主图形可以修改编辑，当插入的部分需要修改时，我们可以用"分解"命令将其分解，而后进行编辑，结果如图 8-24 所示。

而使用外部参照方式创建的主图形，在主图形内不能对参照图形进行修改，而只能修改主图形部分，如图 8-25 所示。如果要修改参照部分，须打开外部参照图形文件，修改后，重新打开主图形，主图形的参照图形随之相应更改。

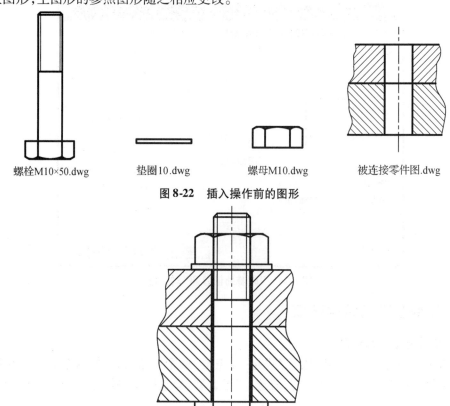

图 8-22　插入操作前的图形

图 8-23　使用插入块与外部参照操作后的图形

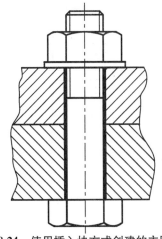
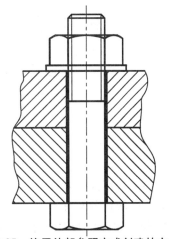

图 8-24 使用插入块方式创建的主图形　　图 8-25 使用外部参照方式创建的主图形

实训八　块、属性与工程图符号标注练习

练习 1：图形块的创建与插入练习。

① 使用样板 acadiso.dwt 建立新图形文件，并在 E 盘上创建文件夹"E:\CAD 实训八"，把新建图形另存为"8-1.dwg"图形文件。

② 设置捕捉和栅格间距均等于 1，在"栅格样式"区选中"二维模型空间"复选框，不选中"栅格行为"区的"自适应栅格"复选框。然后应用"缩放"命令使绘图窗口显示适当的绘图区域。

③ 按尺寸绘制如图 8-26 所示符号（不包括尺寸），并创建为块。

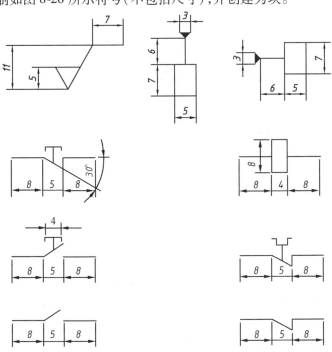

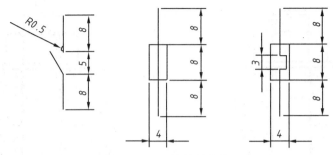

图 8-26　图形块的创建练习

④ 以创建的块作插入练习。

⑤ 对插入的块作分解练习。

练习 2：附有属性块的创建与插入练习。

① 使用样板 acadiso.dwt 建立新图形文件，并以"8-2.dwg"为文件名，保存于文件夹"E：\CAD 实训八"中。

② 设置捕捉和栅格间距均等于 1，在"栅格样式"区选中"二维模型空间"复选框，不选中"栅格行为"区的"自适应栅格"复选框。然后应用"缩放"命令使绘图窗口显示适当的绘图区域。

③ 按图 8-26 所示尺寸绘制表面粗糙度符号、位置公差基准符号及接触器符号（图 8-27）。

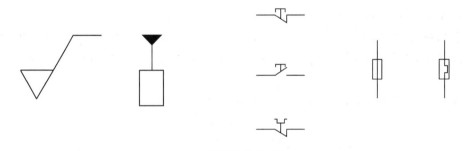

图 8-27　属性块的创建练习一

④ 创建工程字体的文字样式，然后为符号定义属性（图 8-28）。

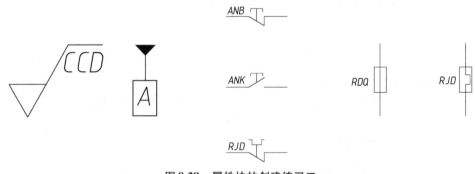

图 8-28　属性块的创建练习二

⑤ 把符号与属性一起定义为块（选择对象的处理方式设为保留）；使用旋转、移动等编辑命令改变符号与属性的方向，按各符号在实际标注中的需要创建若干个块定义。

⑥ 以创建的块作插入练习。

练习 3：打开配套教学素材中"上机实训用图\实训八"目录下的"8-3.dwg"图形文件，对照左图要求,在右图中标注表面粗糙度。

练习4:打开配套教学素材中"上机实训用图\实训八"目录下的"8-4.dwg"图形文件,对照左图要求,在右图中标注表面粗糙度。

练习5:打开配套教学素材中"上机实训用图\实训八"目录下的"8-5.dwg"图形文件,对照左图要求,在右图中标注位置公差基准符号。

练习6:打开配套教学素材中"上机实训用图\实训八"目录下的"8-6.dwg"图形文件,对照左图要求,在右图中标注电气工程图符号。

练习7:图块的插入练习。

① 浏览一下配套教学素材中"上机实训用图\实训八\螺栓连接"目录下的各个图形。

② 把配套教学素材中"上机实训用图\实训八\螺栓连接"目录下的文件复制到 E 盘指定文件夹。

③ 打开该文件夹下的"被连接零件.dwg"图形文件,另存为"块插入连接图.dwg"。

④ 使用"插入"命令,依次把螺栓、垫圈、螺母插入连接图中,在插入时注意各图形在插入时的基点。

⑤ 分解螺栓、垫圈、螺母,并做必要的编辑。

⑥ 依次打开"螺栓 M10×50.dwg""垫圈 10.dwg""螺母 M10.dwg",使用"基点"(BASE)命令作图块插入基点的改变练习。

练习8:附着外部参照练习。

① 浏览配套教学素材中"上机实训用图\实训八\螺栓连接"目录下的各个图形。

② 把配套教学素材中"上机实训用图\实训八\螺栓连接"目录下的文件复制到 E 盘指定文件夹。

③ 打开该文件夹中的"被连接零件.dwg"图形文件,另存为"外部参照连接图.dwg"。

④ 使用外部参照命令依次把螺栓、垫圈、螺母插入连接图中,在插入时注意各图形在插入时的基点。

⑤ 试一试能否用"分解"命令对外部参照连接图中的螺栓、垫圈、螺母进行分解与编辑。

⑥ 打开"螺栓 M10×50.dwg""垫圈 10.dwg""螺母 M10.dwg"图形文件并进行修改存盘,再打开"外部参照连接图.dwg",观看其变化。

第九章

机械与电气工程图绘制举例

 主要学习目标

◆ 掌握工程图样用户样板图的创建与调用方法。
◆ 综合应用 AutoCAD 命令与编辑功能绘制工程图样。

前面我们介绍了 AutoCAD 绘制工程图中所用到的一些基本命令与功能的使用方法,本章我们结合工程图绘制中的具体实例,进一步介绍 AutoCAD 基本绘图命令与编辑功能的综合应用。

第一节 用户样板图的创建与使用

在使用 AutoCAD 绘制工程图样之前,我们要对绘图环境进行必要的设置。但是,如果我们创建每一个图形文件都进行这些重复性的设置,就会浪费很多时间。所以,为了提高工作效率,在做每个工程项目之前,我们可以根据绘图工作的需要对绘图环境进行必要的设置后,建立若干个用户样板图,在此后的设计与绘图过程中进行调用即可。

一、用户样板图的创建

1. 启动 AutoCAD 2020,并把新图保存为图形样板文件

① 启动 AutoCAD 2020。

② 执行"新建"命令,在"选择样板"对话框的"名称"列表中选择 acadiso.dwt 作为图形样板,建立新的图形文件。

③ 执行"保存"或"另存为"命令,在"图形另存为"对话框中把该图形文件以"AutoCAD 图形样板(*.dwt)"(如"样板图 A3.dwt"为图名)为文件类型存入某一文件夹中,如图 9-1 所示。

图 9-1　图形样板文件的文件类型选择

2. 设置有关绘图环境

① 创建若干新图层,并对各图层进行特性设置(方法见第五章第二节)。

② 创建标注工程字体的文字样式(方法见第六章第一节)。

③ 建立尺寸标注样式(方法见第六章第四节)。

3. 创建常用标注符号

在绘制机械工程图样时,标注表面粗糙度的各种符号、标注形位公差的基准符号等,绘制建筑工程图需要的各种标高、轴线编号、详图编号等符号,为了标注方便,我们可以把它们以块(带属性)的方式保存在样板图中。

当然我们也可以把这些符号以块图形文件的形式保存到符号库中(详见第八章第一节),但在插入时可能前者更为方便快捷。

4. 绘制图框线与标题栏

① 使用"格式"菜单中的"图形界限"命令,设置栅格区域的大小(如按 A3 图纸设置为 420,297),并执行"视图"→"缩放"→"全部"菜单命令进行缩放操作。

② 按 A3 规格在绘细实线的图层上用"矩形"命令按 A3 图纸的尺寸绘制图纸的边线、图框线。

③ 在图框的右下角绘制标题栏格线,注写标题栏中的文字(我们可以按尺寸把标题栏画好,并注写好必要的文字,然后以右下角为插入点把它们创建为块文件,在用到标题栏时就能随时插入)。

上述工作完成之后,就可存盘退出。实际上,在上述设置过程中,要时常注意保存,防止设置工作因不正常操作而前功尽弃。

二、用户样板图的调用

在绘制新图时,可直接调用我们已经创建的样板图,步骤如下:

① 启动 AutoCAD 2020。

② 执行"新建"命令,在"选择样板"对话框中找到用户自己建立的样板图形文件,双击该文件名或选中后单击"打开"按钮,即可调用用户样板图建立新的图形文件。

三、用户样板图的修改

当需要对用户样板图的某些设置进行修改或添加块时,可以打开用户样板图,修改后保存即可。

① 启动 AutoCAD 2020。

② 执行"打开"命令,弹出"选择文件"对话框。

③ 在"选择文件"对话框的"文件类型"列表中选择"AutoCAD 图形样板(＊.dwt)"文件类型。

④ 在"选择文件"对话框的搜索栏中找到要编辑的样板图形文件所在的文件夹。

⑤ 在"文件名"列表中双击该文件名或选中后单击"打开"按钮,即可打开拟修改的图形样板文件。

⑥ 对图形样板文件修改完成后,存盘退出。

第二节　零件图绘制举例

【例 9-1】　绘制如图 9-2 所示轴的零件图。

具体操作步骤如下:

① 创建新图形文件。

a. 启动 AutoCAD 2020,调用已经建立的用户样板图建立一新图形文件。

b. 使用"保存"或"另存为"命令把图形赋名存盘(文件名如"轴 1.dwg")。

② 按照图中尺寸,综合应用 AutoCAD 的图形编辑功能,绘制出零件图的各个视图。

a. 先画定位线。在点画线图层上,以适当长度(略大于轴的总长 154)画出轴线;在粗实线图层上,画出 $\phi 28$ 右端面的轮廓线,如图 9-3 所示。

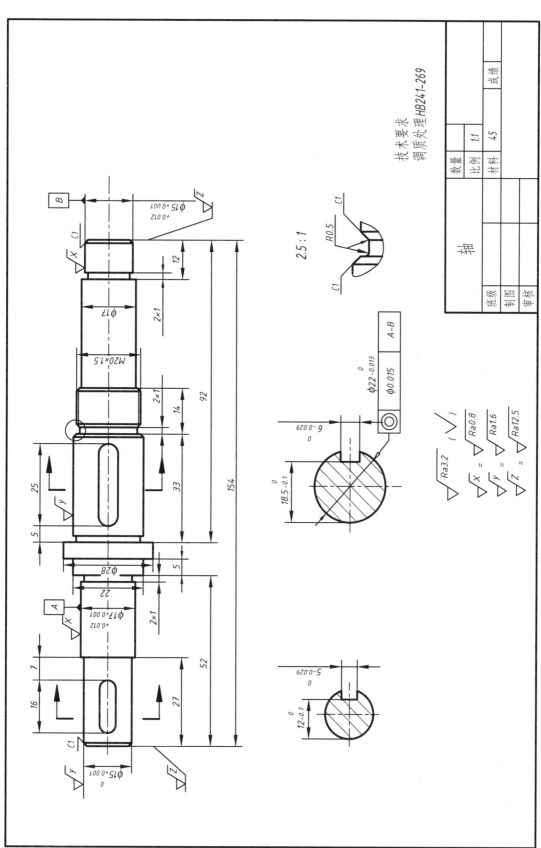

图 9-2 轴的零件图

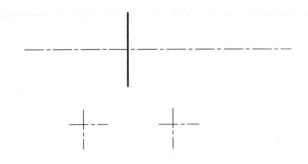

图 9-3　画视图定位线

b. 使用 AutoCAD 的"偏移""修剪""特性匹配"等命令,按照各轴段的直径尺寸与长度尺寸画出轴主视图的主要轮廓,如图 9-4 所示。画图时可仅画出轴线上面的一半,另一半用"镜像"命令编辑而成。

图 9-4　轴主视图的主要轮廓

c. 使用 AutoCAD 的"偏移""修剪""倒角""特性匹配"等命令,按照倒角、退刀槽、键槽尺寸画出主视图上的细部轮廓,如图 9-5 所示。

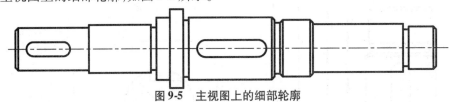

图 9-5　主视图上的细部轮廓

d. 使用 AutoCAD 的"偏移""修剪""特性匹配""图案填充"等命令,按照键槽尺寸画出断面图,如图 9-6 所示。

e. 使用 AutoCAD 的"复制""比例""样条曲线""圆角""修剪"等命令,从主视图中复制局部放大图部分图形并编辑为局部放大图,如图 9-7 所示。

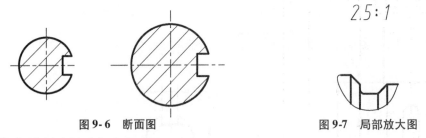

图 9-6　断面图　　　　　　图 9-7　局部放大图

③ 标注图中尺寸与文字。
④ 标注表面粗糙度与形位公差。
⑤ 画图框线并插入标题栏图块,填写零件图标题栏中有关内容。
⑥ 审核,完成全图,如图 9-2 所示。

【例 9-2】　绘制如图 9-8 所示叉架的零件图。

第九章 机械与电气工程图绘制举例

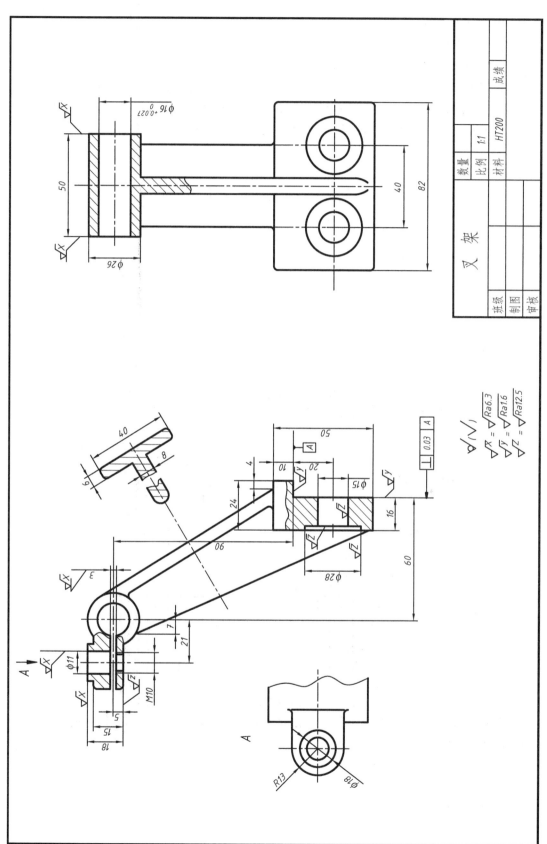

图 9-8 叉架的零件图

具体操作步骤如下：
① 创建新图形文件。
a. 启动 AutoCAD 2020,调用已经建立的用户样板图建立一新图形文件。
b. 使用"保存"或"另存为"命令把图形赋名存盘（文件名如"叉架1.dwg"）。
② 按照图中尺寸,综合应用 AutoCAD 的图形编辑功能,绘制出叉架零件图的各个视图。
a. 先画定位线。在点画线图层上,以适当长度画出各视图的定位线,如图 9-9 所示。

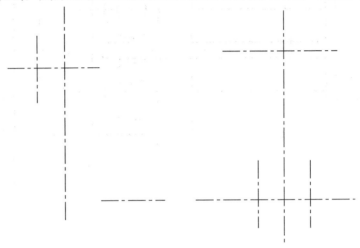

图 9-9　各视图的定位线

b. 使用 AutoCAD 的"偏移""修剪""特性匹配"等命令,按照视图中的尺寸,画出主、左视图的主要轮廓,如图 9-10 所示。

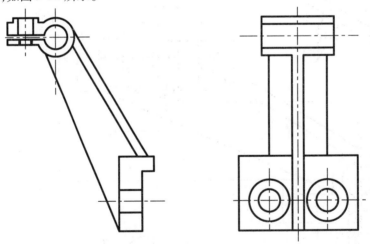

图 9-10　主、左视图的主要轮廓

c. 使用 AutoCAD 的"偏移""修剪""圆角""特性匹配"等命令,按照零件图中的尺寸画出主、左视图的细部轮廓,如图 9-11 所示。

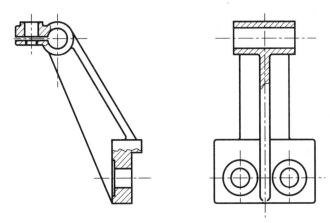

图 9-11　主、左视图的细部轮廓

d. 使用 AutoCAD 的"偏移""修剪""圆角""特性匹配""图案填充"等命令，按照零件图中尺寸画出断面图与 A 局部视图，如图 9-12、图 9-13 所示。

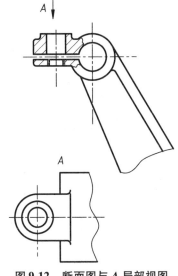

图 9-12　断面图与 A 局部视图

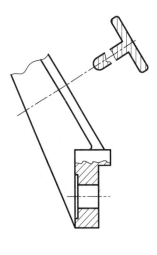

图 9-13　断面图

③ 标注图中尺寸与文字。
④ 标注表面粗糙度与形位公差。
⑤ 画图框线并插入标题栏图块，填写零件图标题栏有关内容。
⑥ 审核，完成全图，如图 9-8 所示。

第三节　由零件图拼画装配图举例

【例 9-3】　根据教材所附配套教学素材中"课堂教学用图\第九章\虎钳零件图"目录下的零件图，拼画如图 9-14 所示的台虎钳装配图。

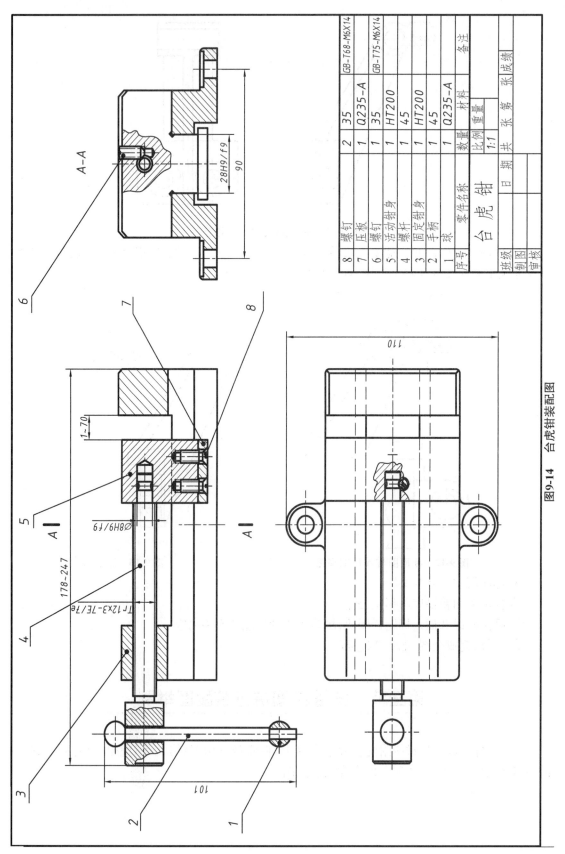

图9-14 台虎钳装配图

具体操作步骤如下：

① 利用零件图，创建拼画装配图时用到的图块。

a. 打开配套教学素材中"课堂教学用图\第九章\虎钳零件图"目录下的"固定钳身.dwg"图形文件，关闭尺寸、文字等图层，把左视图编辑为全剖视图（图9-15），使用"写块"命令，创建"固定钳身图块.dwg"块图形文件。

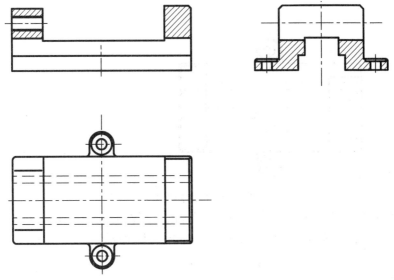

图9-15　编辑视图

b. 打开配套教学素材中"课堂教学用图\第九章\虎钳零件图"目录下的"活动钳身.dwg"图形文件，关闭尺寸、文字等图层，使用"写块"命令，分别创建"活动钳身主视图.dwg""活动钳身俯视图.dwg""活动钳身左视图.dwg"块图形文件。

c. 分别打开配套教学素材中"课堂教学用图\第九章\虎钳零件图"目录下的其他零件图，关闭尺寸、文字等图层，使用"写块"命令，依次创建拼画装配图中用到的块图形文件（见配套教学素材中"课堂教学用图\第九章\虎钳装配图图块"文件目录）。

注意：在定义图块时，要根据拼画装配图时插入各零件视图的定位要求，选择合适的插入基准点。

② 启动AutoCAD 2020，调用已经建立的用户样板图建立新图，并把图形赋名存盘。

③ 按虎钳装配体各零件的装配次序，把已创建的图块插入装配图中去，如图9-16所示。

a. 插入"固定钳身图块.dwg"块图形文件。

b. 依次插入主视图图块，插入次序为：活动钳身、螺杆、手柄、球、压板、螺钉图块。

c. 依次插入俯视图图块，插入次序为：活动钳身、螺杆、螺钉图块。

d. 依次插入左视图图块，插入次序为：活动钳身、压板、螺钉图块。

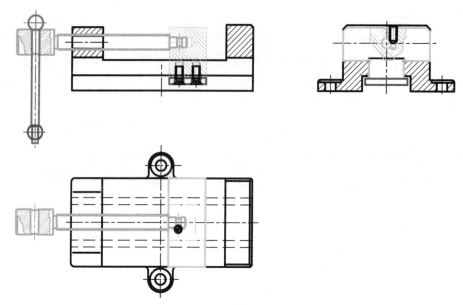

图 9-16　依次插入图块

④ 使用"分解"命令把需要修改的图块分解,按照零件的遮挡关系与绘制装配图的有关规定,对图形进行编辑,完成装配图的各个视图,如图 9-17 所示。

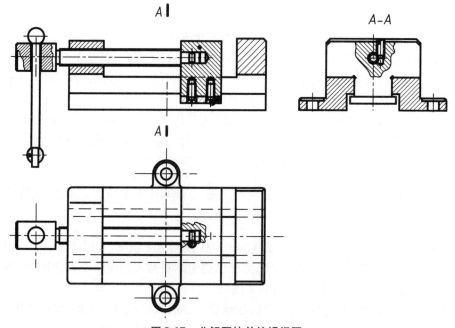

图 9-17　分解图块并编辑视图

⑤ 标注装配图中必要的尺寸与技术要求。

⑥ 画零件的指引线并对零件进行编号。

⑦ 画图框线并插入装配图标题栏图块,填写标题栏与零件明细栏有关内容。

⑧ 审核,完成全图,如图 9-14 所示。

第四节　电气工程图绘制举例

通过本节的学习,学生可以了解用 AutoCAD 绘制电气工程图的一般步骤,掌握绘制电气工程图的一些实用技巧。

【例 9-4】　绘制如图 9-18 所示的两台电动机运行控制的电气工程图。

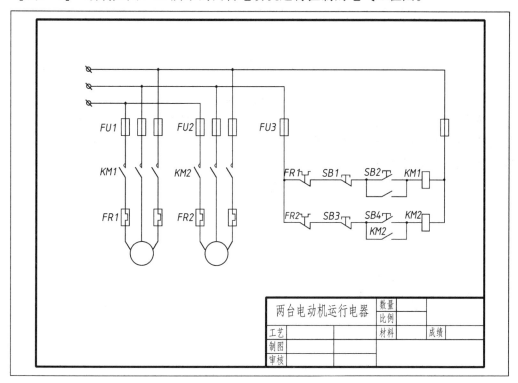

图 9-18　两台电动机运行控制的电气工程图

具体操作步骤如下:
① 创建新图形文件。
a. 启动 AutoCAD 2020,调用已经建立的用户样板图建立一新图形文件。
b. 使用"保存"或"另存为"命令把图形赋名存盘(文件名如"电气图 1.dwg")。
② 绘制三相线。
a. 利用"圆"命令和"直线"命令绘制三相线端点。
b. 利用"直线"命令绘制一条三相线,三相线长约 200 mm。
c. 用"复制"命令复制另两条线,线与线之间的间距为 8 mm,绘制完成的三相线如图 9-19 所示。

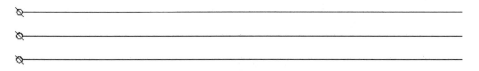

图 9-19　三相线

③ 绘制主电路。

a. 执行块插入命令,打开"插入"对话框,分别插入前面建立的熔断器块、接触器主触点块、热继电器发热元件块,在插入时修改属性,如图 9-20 所示。

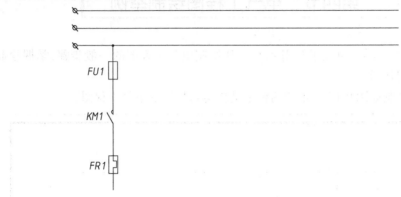

图 9-20　插入图块

b. 利用"复制"命令复制主电路另外两相,相与相之间的距离为 8 mm。并用"分解"命令分解复制的块,然后删除属性。用"延伸"命令夹点编辑调整线条长度。用"圆环"命令绘制电线连接点,如图 9-21 所示。

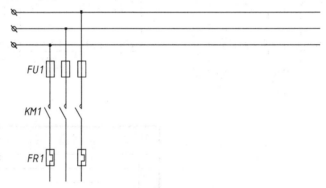

图 9-21　编辑图块

c. 用"画圆"命令绘制电动机符号并用文字命令标注属性,用"直线"命令连接线条,如图 9-22 所示。

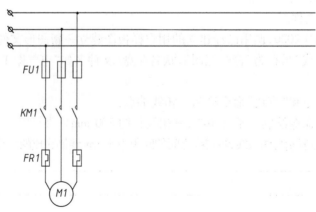

图 9-22　补画图形及属性

d. 用"复制"命令复制电动机运行主电路,并用鼠标双击属性作属性修改,用"修剪"命令修剪线条,如图 9-23 所示。

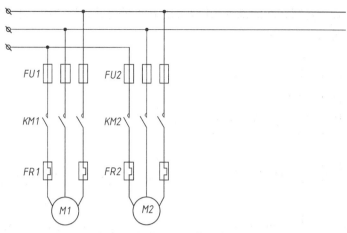

图 9-23　复制相同电路并修改

④ 绘制控制电路。

a. 用"直线"命令绘制主电路右侧直线，启动插入块命令插入前面创建的熔断器块，在插入块时修改属性，如图 9-24 所示。

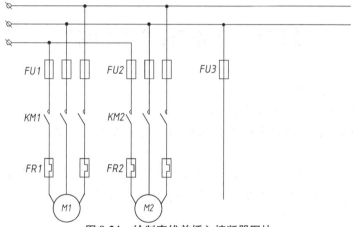

图 9-24　绘制直线并插入熔断器图块

b. 执行块插入命令，打开"插入"对话框，分别插入前面建立的热继电器动合触点块、常闭按钮块、常开按钮块、接触器线圈块、接触器辅助常开触点块，在插入时修改属性，连接线段，如图 9-25 所示。

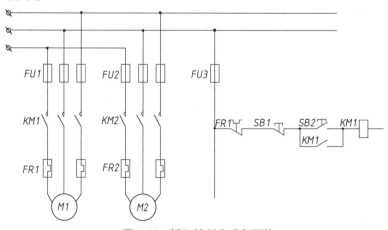

图 9-25　插入控制电路各图块

c. 用"复制"命令复制相同的部分,并双击块上的属性做属性修改,用"修改"命令修改线条。审核,完成全图,如图 9-26 所示。

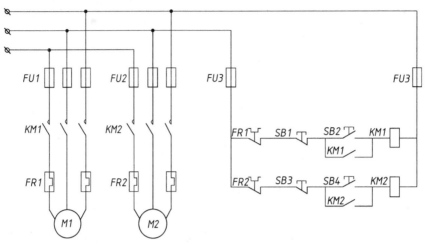

图 9-26　编辑操作完成全图

实训九　工程图绘制综合练习

练习 1：用户样板图创建练习。

① 使用样板 acadiso.dwt 建立新图形文件。

② 按照绘制工程图的需要进行图层及其特性、文字样式、尺寸样式与工程标注的符号块的设置等。

③ 在 E 盘上创建文件夹"E:\CAD 实训九",把新建图形另存为样板图形文件。

④ 根据绘制不同工程图的需要,进行必要的设置,建立若干样板图。

练习 2：零件图绘制练习。

使用练习 1 创建的样板图形文件绘制如图 9-27 ~ 图 9-33 所示的零件图。

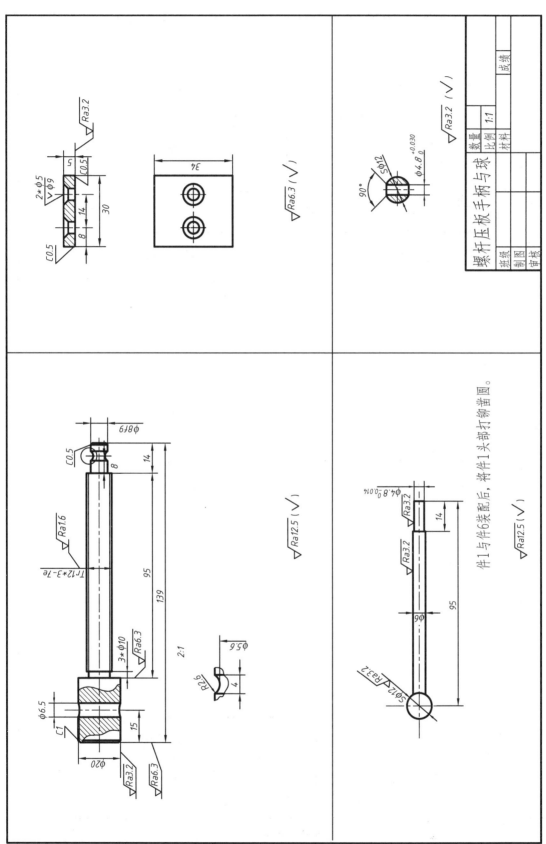

图 9-27 零件图一

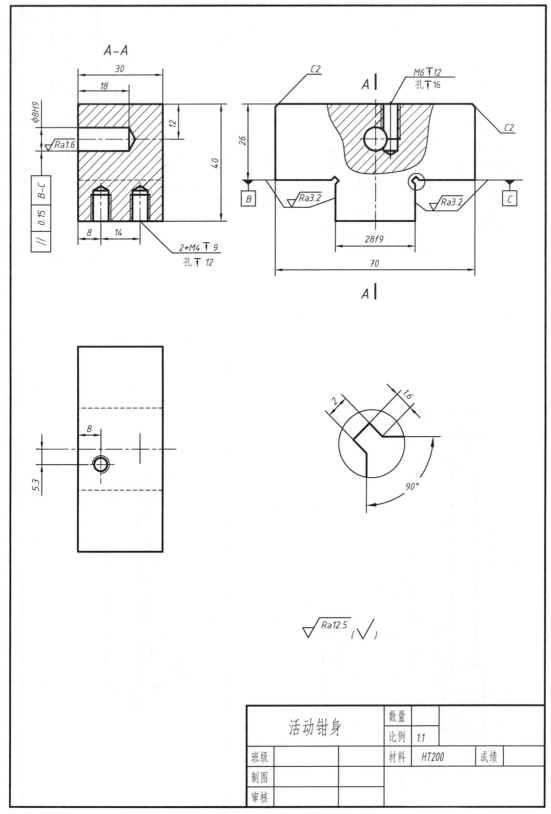

图 9-28 零件图二

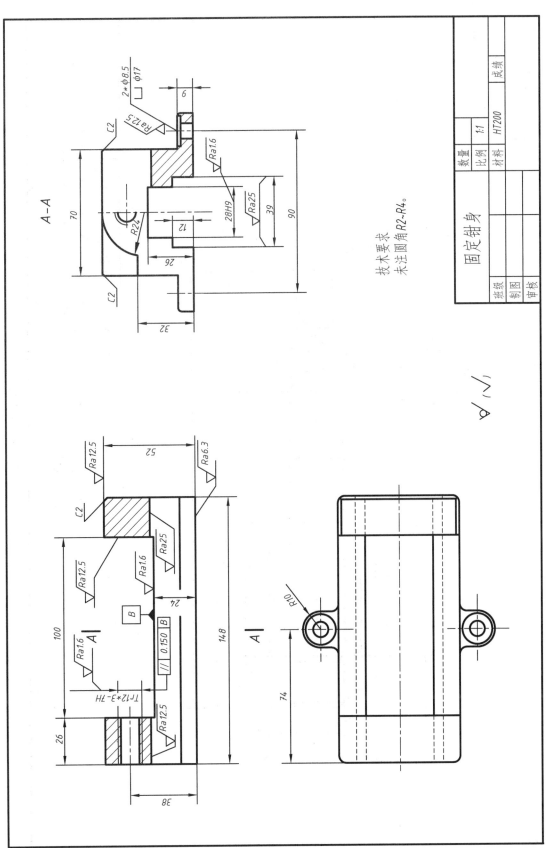

图 9-29 零件图三

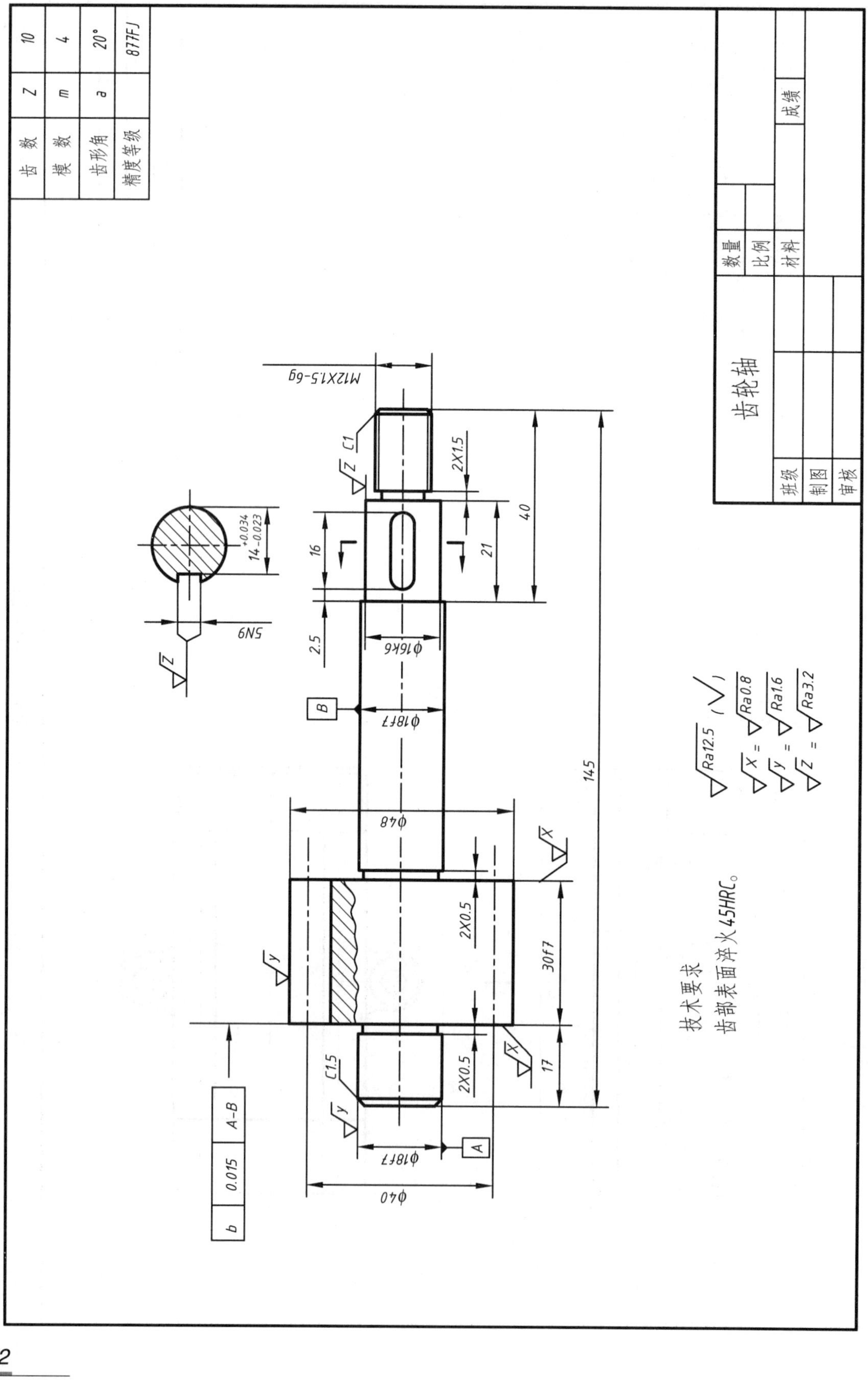

齿 数	Z	10
模 数	m	4
齿形角	a	20°
精度等级		877FJ

技术要求
齿部表面淬火 45HRC。

$\sqrt{Ra12.5}$ ($\sqrt{}$)
$\sqrt{x} = \sqrt{Ra0.8}$
$\sqrt{y} = \sqrt{Ra1.6}$
$\sqrt{z} = \sqrt{Ra3.2}$

图9-30 零件图四

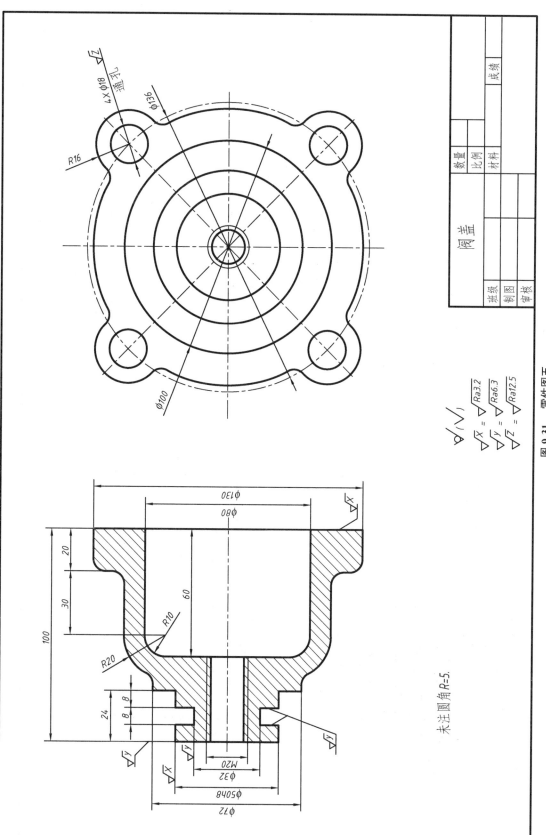

图 9-31 零件图五

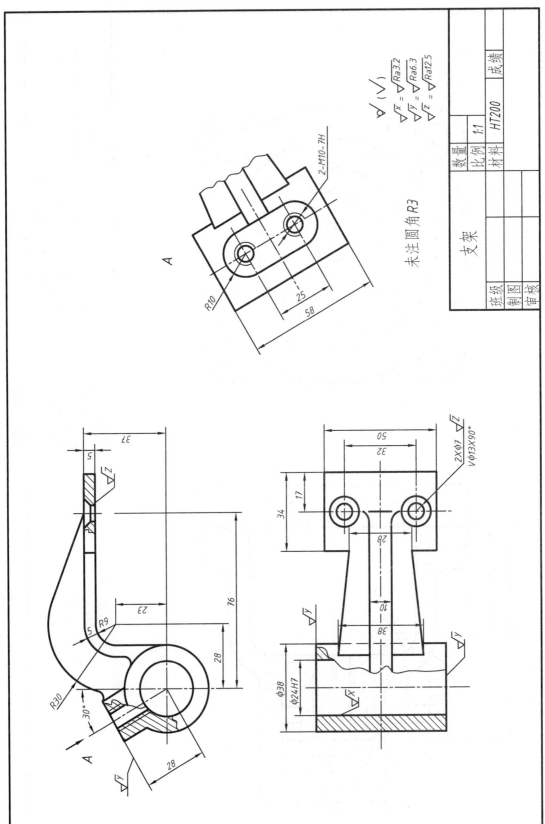

图 9-32 零件图六

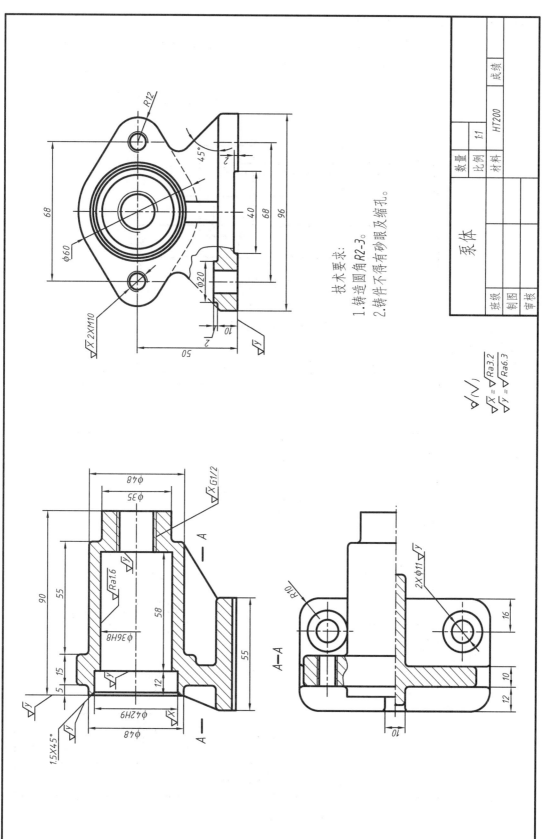

图 9-33 零件图七

练习3：由零件图拼画装配图练习。

利用配套教学素材中"上机实训用图\实训九\虎钳零件图"目录下的台虎钳各零件图，根据图9-34所示的装配示意图拼画台虎钳的装配图。

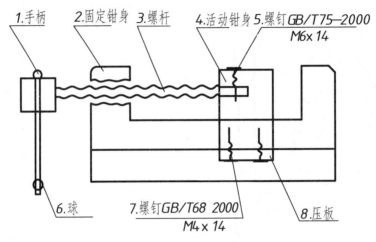

图 9-34　装配示意图

练习4：电气工程图绘制练习。

使用练习1创建的样板图形文件绘制如图9-35、图9-36所示的电气工程图。

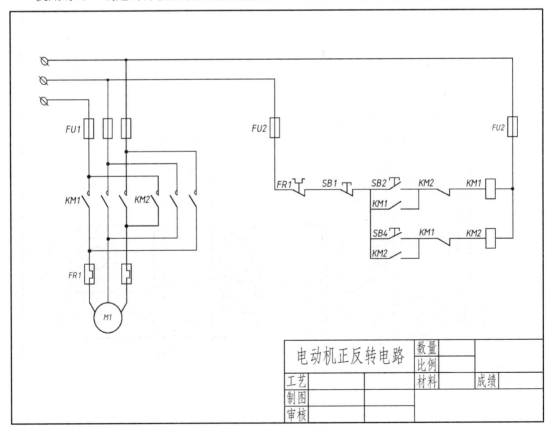

图 9-35　电气工程图一

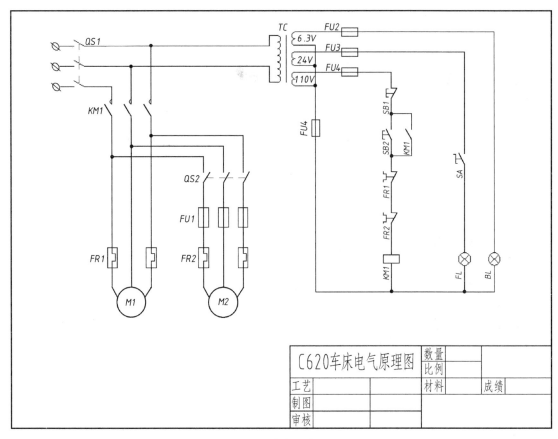

图 9-36　电气工程图二

第十章

图 形 输 出

主要学习目标

◆ 掌握打印输出的各项设置及从模型空间打印输出图样的方法。
◆ 掌握布局的创建及从图纸空间打印输出图样的方法。

图形绘制完成之后,可以有两种输出形式:将图形打印在图纸上,或创建成文件供其他应用程序使用。两种形式都要预先作打印设置,以便得到符合要求的输出结果。

第一节 打印设置

AutoCAD 2020 提供了强大的图形输出功能,不但可以直接打印图形文件,还可以将文件的一个视图及用户自定义的一部分打印出来。在打印图形之前,通常要完成一些设置,同时也要确保打印机安装无误,或者绘图仪能够正常使用,这样才能正常打印。

一、设置打印环境

进行打印环境的设置,可以使用"页面设置管理器"命令。

设置打印环境的具体操作步骤如下:

① 选择"文件"→"页面设置管理器"命令,打开"页面设置管理器"对话框,如图 10-1 所示。在"页面设置"区的"当前页面设置"列表框内显示出当前图形已有的页面设置;右侧有"置为当前""新建""修改""输入"四个按钮,分别用于将在列表中选中的页面设置作为当前设置、新建页面设置、修改选中的页面设置及从已有的图形中导入页面设置。在"选定页面设置的详细信息"区中显示出在上面列表中所选中页面设置的相关信息。

② 在"页面设置管理器"对话框中单击"新建"按钮,弹出"新建页面设置"对话框,如图 10-2 所示。

③ 在"新建页面设置"对话框中对新页面设置进行命名(如"我的页面设置 1",默认名称为"设置 1")后,选择"〈默认输出设备〉"选项,单击"确定"按钮,弹出"页面设置-模型"对话框,如图 10-3 所示,在其中进行相关设置。

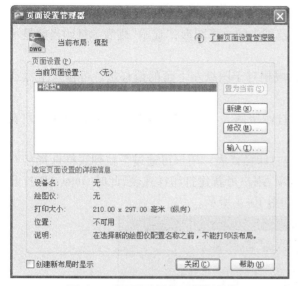

图10-1 "页面设置管理器"对话框   图10-2 "新建页面设置"对话框

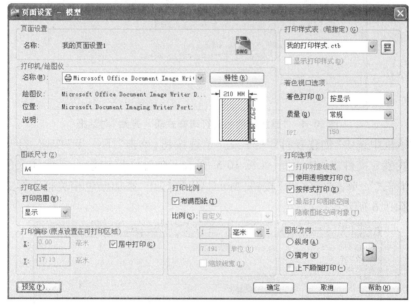

图10-3 "页面设置-模型"对话框

"页面设置-模型"对话框中各主要选项的功能如下。

① "页面设置"选项区:用于显示当前所设置的页面设置的名称。

② "打印机/绘图仪"选项区:在该区的"名称(M)"下拉列表中,用户可选择 Windows 系统打印机或 AutoCAD 内部打印机(".pc3"文件)作为输出设备。当用户选定某种打印机后,"名称(M)"下拉列表下面将显示被选中设备的名称、连接端口及其他有关打印机的注释信息。

如果用户想修改当前打印机设置,可单击"特性"按钮,打开"绘图仪配置编辑器"对话框,在该对话框中可以重新设定打印机端口及其他输出设置。

③ "图纸尺寸"选项区:通过下拉列表框确定输出图纸的规格。

④ "打印区域"选项区:用于确定图形的打印范围。用户可在下拉列表框中选择"窗口"

"图形界限""显示"等打印范围。其中,"窗口"表示打印位于指定矩形窗口中的图形;"图形界限"表示打印位于 LIMITS 命令设置的绘图范围内的全部图形;"显示"则表示打印当前显示的图形。

⑤ "打印偏移"选项区:用于确定打印区域相对于图纸左下角的偏移量。可输入坐标或选择"居中打印"。

⑥ "打印比例"选项区:用于设置图形的打印比例。可选择"布满图纸"或在"比例"列表中选择打印比例。

⑦ "打印样式表"选项区:用于选择、新建打印样式表。用户可通过下拉列表框选择已有的样式表。如果在下拉列表中选择"新建"选项,用户可新建打印样式表,此时 AutoCAD 打开"添加颜色相关打印样式表 – 开始"对话框,如图 10-4 所示。

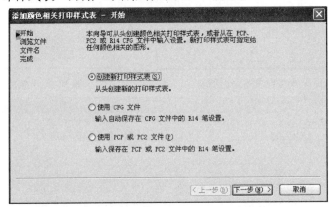

图 10-4 "添加颜色相关打印样式表 – 开始"对话框

在该对话框中选中"创建新打印样式表"单选按钮,单击"下一步"按钮,打开"添加颜色相关打印样式表 – 文件名"对话框,如图 10-5 所示。在对话框中输入打印样式的名称,如输入"我的打印样式",单击"下一步"按钮,AutoCAD 则打开"添加颜色相关打印样式表 – 完成"对话框,如图 10-6 所示。

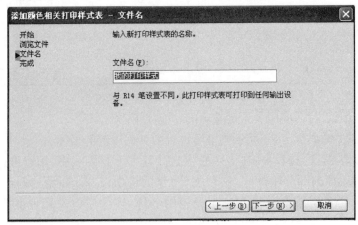

图 10-5 "添加颜色相关打印样式表 – 文件名"对话框

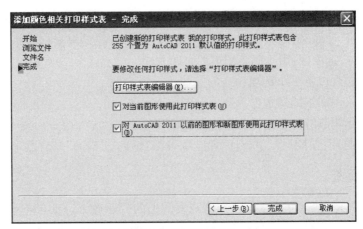

图 10-6 "添加颜色相关打印样式表－完成"对话框

单击对话框中的"打印样式表编辑器"按钮,AutoCAD 则打开"打印样式表编辑器"对话框,切换到"表格视图"选项卡,如图 10-7 所示。

图 10-7 "打印样式表编辑器"对话框

如果用户在绘图时为各图层设置了颜色,而实际需要用黑色打印图形,则要通过"打印样式表编辑器"对话框的"表格视图"选项卡,将打印颜色设置为黑色。设置方法为:在"打印样式"列表中选择各对应颜色项,然后在"特性"选项区的"颜色"下拉列表中选择黑色,而不是采用"使用对象颜色"。如果在绘图时没有设置线宽,也可以通过此对话框设置不同颜色线条的打印线宽。设置方法为:在"打印样式"列表中选择各对应颜色项,然后在"特性"选项区的"线宽"下拉列表中选择需要的线宽。

单击"保存并关闭"按钮,关闭"打印样式表编辑器"对话框,返回到"添加颜色相关打印样式表-完成"对话框,单击该对话框中的"完成"按钮,AutoCAD 返回到"页面设置"对话框,完成打印样式的建立。

⑧ "着色视口选项"选择区:用于指定着色和渲染视口的打印方式,并确定它们的分辨率级别和每英寸的点数。使用着色打印,可以打印着色三维图像或渲染三维图像,还可以使用

不同的着色选项和渲染选项设置多个视口。

⑨ "打印选项"选择区:用于确定是按图形的线宽打印,还是根据打印样式打印图形等。

⑩ "图形方向"选项区:用于确定图形的打印方向。

"图形方向"包含以下三个选项:

◆ 纵向:表示用图纸的短边作为图形页面的顶部。

◆ 横向:表示用图纸的长边作为图形页面的顶部。

◆ 上下颠倒打印:使图形颠倒打印,此选项可与"纵向""横向"结合起来使用。

二、打印预览

打印参数设置完成后,可通过打印预览观察图形的打印效果。如果不合适可重新调整,以免浪费图纸。

单击"页面设置"对话框下面的"预览"按钮,系统显示实际的打印效果。预览时,可以进行实时缩放操作。查看完毕后,按【ESC】键或回车键,返回"页面设置"对话框。

三、命名和保存页面设置

页面设置可在"新建页面设置"对话框中命名,如图 10-2 所示。打印参数设置完成后,单击"页面设置"对话框下面的"确定"按钮,AutoCAD 返回到"页面设置管理器"对话框,在"页面设置"列表中将显示新建立的页面设置的名称(如"我的页面设置1")。此时用户可以通过单击"置为当前"按钮将新样式"置为当前",然后关闭对话框。至此,完成页面设置。

在"页面设置管理器"对话框中,还可以右击"我的页面设置1",打开右键快捷菜单,进行页面设置的"置为当前""重命名""删除"操作,如图 10-8 所示。

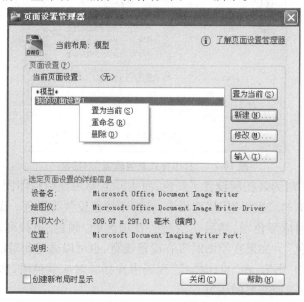

图 10-8　页面设置的"置为当前""重命名""删除"操作

四、输入已保存的页面设置

如果已在图形中保存或命名了一些页面设置,则可将这些页面设置用于其他图形。将一个已命名的页面设置输入当前图形,操作步骤如下:

① 输入"PSETUPIN"命令。
② 在"从文件中选择页面设置"对话框中选择其页面设置要输入的图形文件。
③ 选择图形文件后,显示"输入页面设置"对话框。
④ 在对话框中选择要输入的页面设置名称。
⑤ 单击"确定"按钮,所选择的页面设置将输入当前图形文件中。

第二节　模型空间与图纸空间

在模型空间和图纸空间都可以打印图形。图形窗口底部有一系列选项卡,包括"模型"选项卡和一个或多个"布局"选项卡,如图 10-9 所示。利用这些选项卡可以在模型空间和图纸空间间切换。

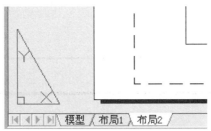

图 10-9　"模型"和"布局"选项卡

模型空间是用户创建和编辑图形的窗口,前几章所介绍的内容及绘制图形都是在模型空间中进行的。选择"模型"选项卡就可以切换到模型空间中。可以将"模型"选项卡的视图分成几个平铺视口以表示模型的不同视图。

图纸空间就像一张图纸,打印之前可以在上面排放图形。图纸空间用于创建最终的打印布局,而不用于绘图或设计工作,如图 10-10 所示。在 AutoCAD 中,图纸空间是以布局的形式来使用的。

选择"布局"选项卡就可以切换到图纸空间中。"布局"选项卡可以有多个,每个"布局"选项卡都可以创建多个浮动视口,都提供了一个图纸空间绘图环境。指定布局的页面设置时,可以保存并命名某个布局的页面设置,命名的页面设置将自动应用到其他布局中去。创建了布局并设计好浮动视口之后,可以继续在"模型"或"布局"选项卡中绘制图形。

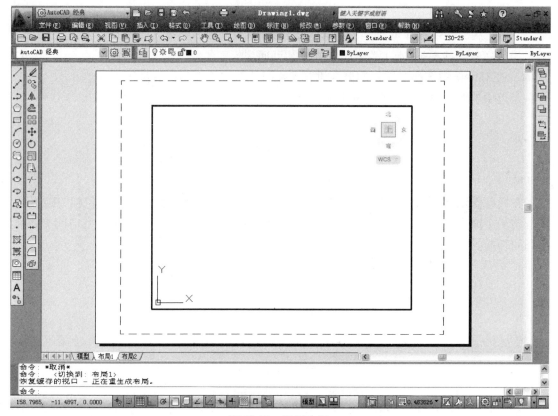

图 10-10 图纸空间

第三节 布局的使用

在完成图形模型的绘制后,需要选择创建一个图面布局,以便将模型用合适的方式打印输出到图纸上。在 AutoCAD 中,用户可以创建多个布局来显示不同的视图,每一个布局都可以包含不同的绘图样式(如绘图比例和图纸大小等)。通过布局功能,用户可以多侧面地表现同一图形。创建布局有多种方式。

一、直接创建新布局

直接创建新布局是指通过给定新布局名称的方式创建布局。

选择"插入"→"布局"→"新建布局"命令,或者单击"布局"工具栏中的"新建布局"按钮,系统提示如下:

命令:_layout

输入布局选项[复制(C)/删除(D)/新建(N)/样板(T)/重命名(R)/另存为(SA)/设置(S)/?]<设置>:_new

输入新布局名 <布局3>:

在提示下输入新布局的名称之后,AutoCAD 则创建一个新布局,并在图形窗口的底部选项卡中显示新布局的名称。

二、使用样板创建布局

使用样板创建布局,在工程领域中遵循某种通用标准进行绘图和打印非常有意义。因为 AutoCAD 2020 提供了多种不同国际标准体系的布局模板,这些标准包括 ANSI、GB、ISO 等,特别是其中遵循中国国家工程制图标准(GB)的布局就有 12 种之多,支持的图纸幅面有 A0,A1,A2,A3 和 A4 。使用样板创建布局的步骤如下:

① 执行"插入"→"布局"→"来自样板的布局"命令,或者单击"布局"工具栏中的"来自样板的布局"按钮,系统弹出如图 10-11 所示的"从文件选择样板"对话框,在文件列表中选择图形样板文件。

图 10-11 "从文件选择样板"对话框

② 单击"打开"按钮,打开选中的样板文件,系统弹出"插入布局"对话框。
③ 在"插入布局"对话框的列表中选择布局样板,然后单击"确定"按钮。

三、使用布局向导创建布局

布局向导用于引导用户来创建一个新布局,每个向导页面都将提示用户为正在创建的新布局指定不同的打印设置。具体操作步骤如下:

① 执行"插入"→"布局"→"创建布局向导"命令,系统弹出如图 10-12 所示的"创建布局-开始"对话框。

② 在"输入新布局的名称"文本框中对新创建的布局命名,单击"下一步"按钮,将会打开"创建布局-打印机"对话框。

③ 选择当前配置的打印机型号,单击"下一步"按钮,将会打开"创建布局-图纸尺寸"对话框。这样,该向导会引导用户依次进行创建布局的操作,分别对布局的名称、打印机、图纸尺寸和单位、图纸方向、是否添加标题栏及标题栏的类型、视口的类型、视口的大小和位置等进行设置。利用向导创建布局的过程比较简单,而且一目了然。

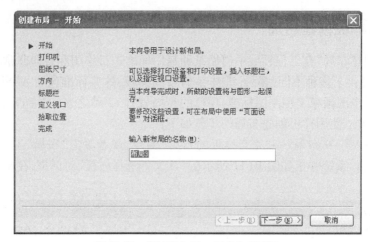

图 10-12 "创建布局－开始"对话框

四、管理布局

右击"布局"选项卡,可弹出"布局"右键快捷菜单,如图 10-13 所示。

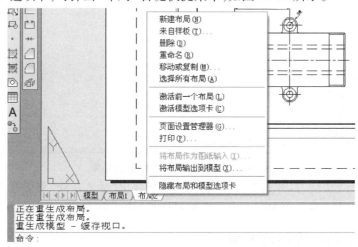

图 10-13 "布局"右键快捷菜单

通过快捷菜单上的命令,可以删除、重命名、新建、移动或复制布局等,也可以打开"页面设置管理器"对话框,进行布局的页面设置。

第四节 打印图形

图形绘制完成之后,通常要打印到图纸上,也可以生成一份电子图纸,以便上传到互联网上供其他人访问。打印的图形可以包含图形的单一视图,或者更为复杂的视图排列。根据不同的需要,可以打印一个或多个视口,或设置选项以决定打印的内容和图像在图纸上的布置等。

"打印"命令的调用方法有以下三种。

◆ 键盘输入:PLOT。

◆ "快速访问"工具栏:单击"快速访问"工具栏中的"打印"按钮 。

◆"文件"菜单:选择"文件"菜单中的"打印"命令。

如果是在模型空间,执行该命令后,将弹出"打印－模型"对话框,如图 10-14 所示;如果是在图纸空间,执行该命令后,将弹出"打印－布局"对话框,如图 10-15 所示。

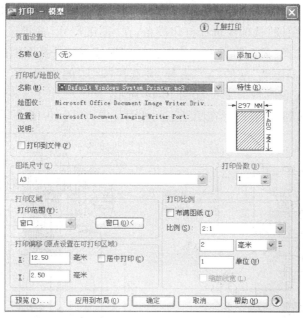

图 10-14 "打印－模型"对话框

图 10-15 "打印-布局"对话框

如果用户已经进行了页面设置,可在对话框的"页面设置"选项区的"名称"下拉列表中选择需要的页面设置,然后在对话框中会显示与其相对应的打印设置。如果用户对当前选择的页面设置不满意,也可以对打印设置的各项打印参数单独设置。

对话框中的"预览"按钮用于预览当前设置的打印效果。如果预览结果满足打印要求,单击"确定"按钮,即可将图形通过打印机或绘图仪输出到图纸上。

【例 10-1】 在模型空间中,选用 A3 图纸,将配套教学素材中"课堂教学用图\第十章\例 10-1.dwg"图形文件按 2∶1 的比例打印出图。

① 启动 AutoCAD 2020,打开要输出的图形文件。

② 执行"文件"→"打印"命令,弹出"打印-模型"对话框。按与本机相连的系统打印设备型号在"打印机/绘图仪"选项区选择打印设备;在"图纸尺寸"选项区选择 A3 图纸;在"打印范围"下拉列表中选择"窗口"后,并在绘图窗口用鼠标左键选择图框的两个对角点;在"打印比例"选项区将"布满图纸"前的"√"去掉,并选择"2∶1"的比例;在"打印偏移"选项区输入 X 偏移量为 12.5,Y 偏移量为 2.5,如图 10-14 所示。

③ 单击"预览"按钮,查看图形在图纸上的相对位置,如图 10-16 所示。

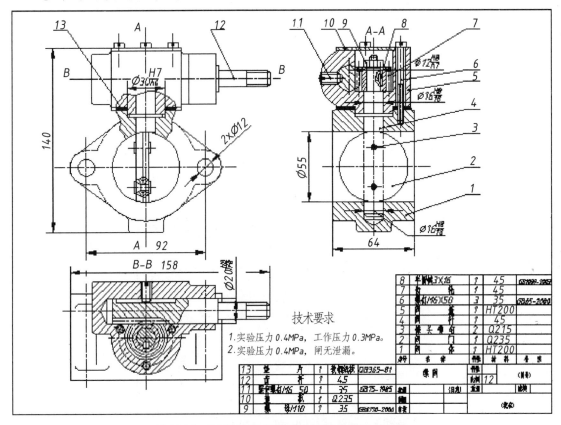

图 10-16 "预览"窗口显示的图形在图纸上的位置

④ 若预览图形后觉得位置不合适,可返回继续调整直至满意为止,最后单击"确定"按钮,输出图形。

实训十 图形输出练习

练习 1:打开配套教学素材中"上机实训用图\实训十\10-1.dwg"图形文件,在模型空间选用 A3 图纸,按 1∶1 的比例进行打印设置后,打印输出或预览。

练习 2:打开配套教学素材中"上机实训用图\实训十\10-2.dwg"图形文件,在模型空间选用 A2 图纸,按 1∶1 的比例进行打印设置后,选择"打印到文件"形成电子图纸。

练习 3：打开配套教学素材中"上机实训用图\实训十\10-3.dwg"图形文件，选用 A3 图纸，按 2∶1 的比例先进行页面设置并命名，然后打印输出或预览。

练习 4：打开配套教学素材中"上机实训用图\实训十\10-4.dwg"图形文件，选用 A3 图纸，使用布局向导创建一新布局，并按 1∶1 的比例打印输出或预览。

练习 5：打开自己绘制的图形文件，导入练习 3、练习 4 建立的页面设置或布局输出或预览图形。

第十一章

图形数据的查询与共享

主要学习目标

◆ 掌握坐标、距离、面积等基本图形数据的查询方法。
◆ 掌握使用剪贴板在 AutoCAD、Word、Photoshop、PowerPoint 等应用程序间交换图形数据的操作方法。
◆ 掌握使用 AutoCAD 设计中心在图形之间进行文字样式、标注样式、图层、块、线型、布局等定制内容的复制方法。

AutoCAD 2020 提供了丰富的图形数据查询功能,利用该功能,我们可以查询图形元素的相关数据,如点的坐标,直线的长度,两点之间的距离,圆或圆弧的半径、圆心坐标、周长,还可以计算图形的面积,等等。

AutoCAD 2020 具有较强的信息管理功能,可以利用本机或网络的浏览、查找功能,将已有的图形文件及其内部定义控制在当前交互环境中,通过拖放操作,实现图形信息的重用与共享。

第一节 图形数据的查询

一、"目标列表"(LIST)命令

LIST 命令用于列出所选目标的数据结构描述信息。
命令的调用方法主要有如下三种。
◆ 键盘输入:LIST。
◆"工具"菜单:选择"工具"→"查询"→"列表"命令。
◆"查询"工具栏:单击"查询"工具栏中的"列表"按钮 。

调用命令后,在命令行出现"选择对象:"的提示信息,选择要列表显示数据的对象。对象选择完成后,将在文本窗口上列出所选对象的数据结构信息。
例如,选择一个圆,则列出该对象的名称、所在图层、空间类型、线型比例、圆心坐标、半

径、周长、面积等数据信息，如图 11-1 所示。

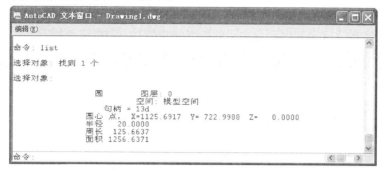

图 11-1　LIST 命令数据信息列表

二、"全部列表"（DBLIST）命令

DBLIST 命令用于列出当前图形全部目标的数据结构描述信息。

命令的调用方法是通过键盘输入：DBLIST。

调用命令后，将在文本窗口上逐屏列出所有对象的数据结构描述信息，按回车键显示下一屏，按【ESC】键命令终止。

三、"查询点的坐标"（ID）命令

ID 命令用于查询图形上点的坐标。

命令的调用方法主要有如下三种。

◆ 键盘输入：ID。

◆ "工具"菜单：选择"工具"→"查询"→"点坐标"命令。

◆ "查询"工具栏：单击"查询"工具栏中的"点坐标"按钮 。

调用命令后，在命令行提示信息为：

指定点：

指定一点后，将在文本窗口上列出该点的坐标信息，如图 11-2 所示。

图 11-2　ID 命令数据信息列表

四、"查询距离"（DIST）命令

DIST 命令用于查询两指定点之间的距离，两点连线相对于 X 轴正方向的夹角，两点连线相对于 XOY 坐标面的夹角，X、Y、Z 坐标的增量。

命令的调用方法主要有如下三种。

◆ 键盘输入：DIST。

◆ "工具"菜单：选择"工具"→"查询"→"距离"命令。

◆ "查询"工具栏：单击"查询"工具栏中的"距离"按钮 。

调用命令后，在命令行提示信息为：

指定第一点:(以目标捕捉方式指定直线的一个端点)
指定第二点:(以目标捕捉方式指定直线的另一个端点)
此后,将在文本窗口中列出两点之间的数据结构信息,如图11-3所示。

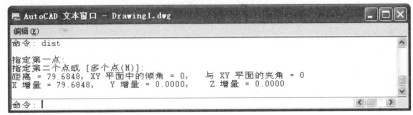

图11-3　DIST命令数据信息列表

五、"查询面积"(AREA)命令

AREA命令用于计算由若干个点所确定或由多个对象所围成的封闭区域的面积和周长,还可以进行面积的和、差运算,计算面域的面积和三维实体的表面积。

命令的调用方法主要有如下三种。

◆ 键盘输入:AREA。

◆ "工具"菜单:选择"工具"→"查询"→"面积"命令。

◆ "查询"工具栏:单击"查询"工具栏中的"面积"按钮 ![] 。

调用命令后,在命令行提示信息为:

指定第一个角点或［对象(O)/增加面积(A)/减少面积(S)］＜对象(O)＞:

对于上述提示,有以下四种面积查询操作方式。

1. 查询封闭多边形的面积和周长（边可为直线或圆弧）

直接输入一点后,AutoCAD重复提示如下信息:

指定下一个点或［圆弧(A)/长度(L)/放弃(U)］:

输入三个或三个以上点后,提示信息为:

指定下一个点或［圆弧(A)/长度(L)/放弃(U)/总计(T)］＜总计＞:

在输入点的过程中,该提示反复出现,直到按回车键结束。此时,将在命令行窗口列出各点围成封闭图形的面积和周长,如图11-4所示。

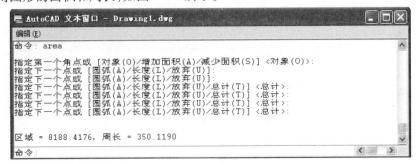

图11-4　封闭多边形面积和周长查询

2. 查询封闭对象所围成区域的面积和周长

从键盘上输入字母"O"后,出现提示:

选择对象:(选择一封闭对象,如圆、矩形、正多边形、封闭多段线等)

选择后,在命令行列出指定对象的面积和周长。

3. 对面积求和

从键盘上输入字母"A"后,将 AREA 命令置为"加"模式,可用指定若干点或指定对象的方式,查询每一封闭区域的面积,每查询一个,则把查询面积累加到总面积中去。

4. 对面积求差

从键盘上输入字母"S"后,将 AREA 命令置为"减"模式,可用指定若干点或指定对象的方式,查询每一封闭区域的面积,每查询一个,则把查询面积从总面积中扣除。

【例 11-1】 打开配套教学素材中"课堂教学用图\第十一章\查询"目录下的"面积查询.dwg"图形文件,计算平面图形的面积,如图 11-5 所示。

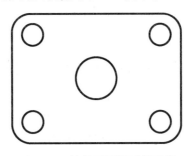

图 11-5　计算平面图形的面积

命令序列如下:

命令:_area

指定第一个角点或［对象(O)/增加面积(A)/减少面积(S)］＜对象(O)＞:A(进入"加"模式)

指定第一个角点或［对象(O)/减少面积(S)］:O(选择查询对象面积方式)

("加"模式)选择对象:(选择带圆角的矩形对象)

区域 = 4714.1593,周长 = 262.8319

总面积 = 4714.1593

("加"模式)选择对象:(按回车键退出选择对象)

区域 =4714.1593,周长 =262.8319

总面积 = 4714.1593

指定第一个角点或［对象(O)/减少面积(S)］:S(进入"减"模式)

指定第一个角点或［对象(O)/增加面积(A)］:O(选择查询对象面积方式)

("减"模式)选择对象:(选择左上小圆)

区域 =78.5398,圆周长 =31.4159

总面积 =4635.6194

("减"模式)选择对象:(选择左下小圆)

区域 =78.5398,圆周长 =31.4159

总面积 =4557.0796

("减"模式)选择对象:(选择中间大圆)

区域 =314.1593,圆周长 =62.8319

总面积 =4242.9204

("减"模式)选择对象:(选择右上小圆)

区域 =78.5398,圆周长 =31.4159

总面积 =4164.3806
("减"模式)选择对象:(选择右下小圆)
区域 =78.5398,圆周长 =31.4159
总面积 =4085.8407
("减"模式)选择对象:(按回车键退出选择对象)
区域 =78.5398,圆周长 =31.4159
总面积 =4085.8407
指定第一个角点或 [对象(O)/增加面积(A)]:(按回车键退出命令)
总面积 =4085.8407

第二节　使用 Windows 的剪切、复制与粘贴功能

在 Windows 应用程序之间,我们可以利用剪贴板交换数据,其传输速度快,操作简单方便。在 AutoCAD 中,也可以使用剪贴板,将图形信息复制到 AutoCAD、Word、Photoshop、PowerPoint 等应用程序中,操作步骤如下:

① 选择要复制的图形与文字信息。

② 选择"编辑"菜单中的"剪切"或"复制"命令,把选择的图形与文字信息复制到剪贴板上。

③ 将剪贴板上的图形与文字信息粘贴到应用程序中去。

> **注意:**
> ① 在 AutoCAD 剪贴板中,只能保存当前复制或剪切的图形或文字信息,每一次复制或剪切都会覆盖上一次复制或剪切的内容。
> ② 该操作把 AutoCAD 对象以矢量格式复制,图形与文字信息以 WMF 格式存储在剪贴板中,在其他应用程序中将保持高分辨率。
> ③ 将图形对象复制到剪贴板时颜色不会改变,在复制前要注意设置背景颜色。其方法是:选择"工具"菜单中的"选项"命令,打开"选项"对话框,在"显示"选项卡中进行设置。

第三节　AutoCAD 设计中心

AutoCAD 设计中心(Design Center)类似于 Windows 的资源管理器,可以在本机或网络上浏览、查找已有的图形文件及其内部定义,通过简单的拖放操作,就可实现图形信息的重用与共享,达到提高绘图效率的目的。

一、AutoCAD 设计中心概述

1. 设计中心的功能

通过设计中心,可以在本机、任一网络驱动器以太网(Internet)上浏览图形的内容。无须打开图形文件,就可以快速地查找、浏览、提取特定的命名对象(如图块、外部引用、图层、线

型、标注样式等);创建指向常用图形、文件夹和 Internet 网址的快捷方式,节省访问时间。

设计中心提供工具栏和快捷菜单,为了方便查找文件,设计中心将它们组织为"文件夹""打开的图形""历史记录"三个源。

使用设计中心,既能查找文件,也能查找文件内容;既能按名字查找,也能按给定的关键字、建立与修改的时间查找。只需简单的拖放操作,就能实现图形的打开、内容的连接与插入。

2. 设计中心的激活

◆ 键盘输入:ADCENTER(显示设计中心)、ADCCLOSE(关闭设计中心)。

◆ "标准"工具栏:单击"标准"工具栏中的单击"设计中心"按钮 。

使用上述任一方式均可显示或关闭设计中心。初次打开的 AutoCAD 设计中心如图 11-6 所示。

3. 设计中心窗口操作

用鼠标左键拖曳设计中心的标题条,可使其成为浮动窗口。拖曳或双击标题条,可使设计中心在绘图区的左侧与浮动窗口间变换。

拖曳设计中心的侧边,可以调整设计中心的窗口大小。拖曳竖直分隔条,可以调整树状图和内容区域的大小。

设计中心的各项功能可通过它的工具栏或快捷菜单实现,工具栏位于图 11-6 所示设计中心的顶端。在设计中心内容框的背景处右击可弹出其快捷菜单,如图 11-7 所示。

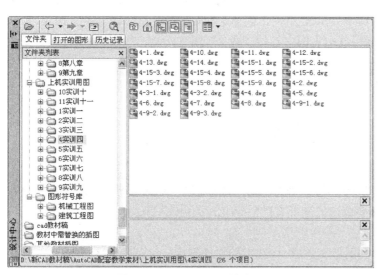
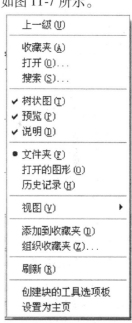

图 11-6　AutoCAD 设计中心　　　　图 11-7　设计中心的右键快捷菜单

二、内容的浏览与装入

1. 树状图的显示与隐藏

设计中心窗口左侧的树状图和三个选项卡可以帮助用户查找内容并加载到内容区域中。在工具栏中单击"树状图切换"按钮 ,可将树状图显示或隐藏。隐藏树状图框后的设计中心界面,如图 11-8 所示。

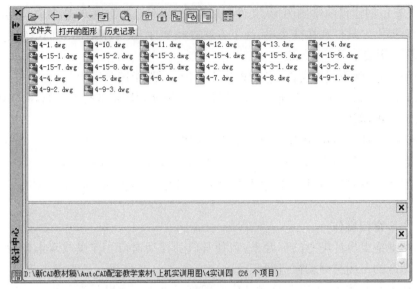

图 11-8　隐藏树状图框后的设计中心界面

显示树状图时,将在树状图中列出所选源的内容与层次结构,单击"＋""－"或项目本身,可显示或隐藏相关项目的下层结构。单击树状图中的项目,在内容区域中显示其内容。

2. 内容区域

内容区域显示的内容随树状图中所选择项的不同而变化,当选取驱动器或文件夹时,将显示所含的文件夹和文件;若选择一图形文件,则显示该图形文件的块表、层表、线型表、尺寸样式表、文字样式表等内容;特别是当在树状图中选择图形文件的块表、层表、线型表、尺寸样式表与文字样式表时,内容区域将显示它们内容的列表。

3. 内容区域的装入

内容区域的装入一般有几种方式。

(1) 使用树状图装入

选择设计中心的一个选项卡,在树状图中选择要装入内容区域的项,该项目的内容即被装入内容区域。

(2) 使用"加载"对话框装入

选择设计中心工具栏左上角的"加载"按钮 ,激活"加载"对话框,如图 11-9 所示。在"加载"对话框中浏览并选择要装入的图形文件后,单击"打开"按钮。

(3) 从 Explorer 装入

在浏览网络驱动器上查找到图形文件后,将选定的文件直接拖曳到内容区域中。

(4) 在内容区域浏览

隐藏树状图后,单击工具栏中的"上一级"按钮,可以在内容区域中显示上一级的内容;双击内容区域中的某一项,可以显示该项的内容。

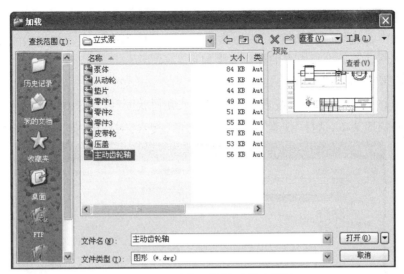

图 11-9　设计中心的"加载"对话框

三、设计中心的使用

下面介绍几种设计中心的应用途径。

1. 使用设计中心打开图形

可以用拖放方式打开图形,操作步骤如下:

① 最小化打开的图形窗口或从下拉菜单中选择"窗口"→"层叠"命令,使用 AutoCAD 绘图窗口内不属于任何图形的灰色区域,如图 11-10 所示的右边和下边。

② 在设计中心的内容区域,将需要打开的图形文件拖放到 AutoCAD 绘图窗口的灰色区域,即可打开图形。

在拖放图形文件时应注意:要把图形文件拖放到 AutoCAD 绘图窗口的灰色区域。如拖放到某一打开的图形区域中,将会执行把被拖放图形作为块插入当前图形中的操作。

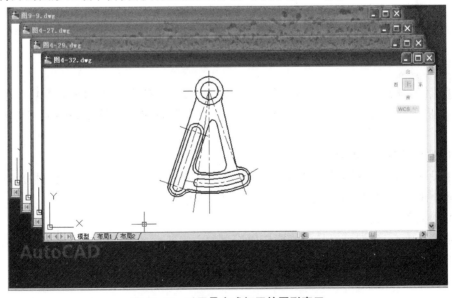

图 11-10　以层叠方式打开的图形窗口

2. 使用设计中心查找内容

使用设计中心的"查找"功能,可以搜索图形文件及图形中的块、图层、标注样式、文字样式等。在本地驱动器上查找内容的操作步骤如下:

① 激活"搜索"对话框。

在设计中心工具栏中单击"搜索"按钮 ![icon],或在树状图、内容区域背景处单击鼠标右键,弹出设计中心快捷菜单,选择"搜索"命令,均可激活"搜索"对话框,如图 11-11 所示。

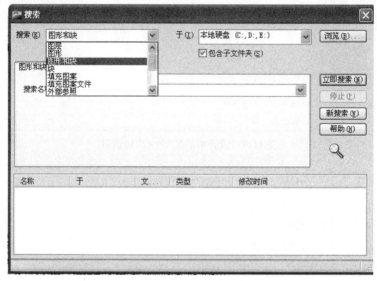

图 11-11 "搜索"对话框

② 在"搜索"对话框的"搜索"列表中选择所要查找内容的类型。可供查找的类型有:标注样式、布局、块、填充图案、图层、图形、图形和块、文字样式、线型等。

③ 在"于"列表框中选择查找的位置,即选择驱动器的类型。为了进一步缩小查找范围,可单击"浏览"按钮,在打开的对话框中指定查找的路径。

④ 在"搜索名称"下拉列表中输入要搜索内容的名称。

⑤ 确定各查找条件后,单击"立即搜索"按钮开始搜索,搜索结果显示在对话框下方的列表框中。如果所要搜索的内容在没有完全搜索完成之前已经找到,可按"停止"按钮结束搜索。

从搜索结果的列表中,我们可以用拖曳的方式,或者在搜索结果列表的项目上单击鼠标右键,在弹出的快捷菜单中选择"加载到内容区中命令",都可以把搜索到的项目装入内容区域中。

3. 向图形文件添加内容

使用设计中心可以把内容区域或"搜索"对话框的搜索结果列表中的项目拖放到图形中去。下面介绍几种常用的向图形文件添加内容的方法。

(1) 插入图形与块

使用设计中心,我们可以从内容区域用拖放的方式把整个图形作为块插入打开的图形中去。借助这个特性,我们可以把与专业相关的图形和图形符号定义成块图形文件,并分门别类地存为块图形文件库(文件夹),在需要时随时使用设计中心插入。

在第八章块定义中我们曾经介绍过,在图形文件中使用 BLOCK 或 BMAKE 命令定义的块是不能直接在别的图形文件中插入的,但使用设计中心就可以把图形中的块,用拖放的方式插入另外打开的图形中去。

在使用以上两种方式执行块插入的同时,也在被插入的图形中进行了该块的定义,之后再插入该块时就不必再使用设计中心,可直接使用"插入"(INSERT)命令插入。

(2)在图形之间复制定制内容

使用设计中心,在需要时,我们可以方便地把标注样式、文字样式、线型、布局等定制内容从一个图形拖放到另一个打开的图形中。

这样,我们在建立新图或绘图过程中,把需要复制的定制内容装入内容区域中,然后用鼠标从内容区域把定制内容拖放到 AutoCAD 的绘图区,就可以实现定制内容的复制。

(3)在图形之间复制图层

如同定制内容的复制一样,使用设计中心我们也可以把图层的定义从一个图形复制到另一个图形。

利用该特性,我们在进行某个项目的绘图工作之前,建立一个该项目所需要的所有标准图层的图形文件,之后,在建立新图形文件时,使用设计中心将具有标准图层设置的图形文件中的图层复制到新图形文件中去,这既大大节约了时间,又保持了图形之间的一致性。

【例 11-2】 以 acadiso. dwt 为样板图建立一张新图,把配套教学素材中"课堂教学用图\第十一章\共享文件"目录下的"叉架. dwg"图形文件中的图层、标注样式、文字样式、块定义复制到新图形文件中去。

① 启动 AutoCAD,以 acadiso. dwt 为样板图建立一张新图(默认新建图形的名称为 Drawing. dwg),并查看层的列表(只有0层)、标注样式列表(只有 iso-25)、文字样式列表(只有 Standard)、块定义的列表(无块)。

② 单击"标准"工具栏中的"设计中心"按钮 ，激活 AutoCAD 设计中心,如图 11-6 所示。

③ 从设计中心的树状图中通过查找或浏览,选择配套教学素材中"课堂教学用图\第十一章\共享文件"目录下的"叉架. dwg"图形文件,如图 11-12 所示。

图 11-12 选择"叉架. dwg"图形文件

图 11-13 把图层列表装入内容区域

④ 在树状图中选择"图层"列表项,把"叉架.dwg"图形文件的图层列表装入内容区域中,如图 11-13 所示。

⑤ 在内容区域中,用鼠标以窗口方式选择所有(或部分)图层,并拖放到新图 Drawing.dwg 的绘图窗口中,即完成图层的复制。

⑥ 类似地重复操作④、⑤,分别把标注样式、文字样式复制到新图 Drawing.dwg。

⑦ 在树状图中选择"块"列表项,把"叉架.dwg"图形文件的块的列表装入内容区域中,把内容区域中的块逐一拖放到新图 Drawing.dwg 的绘图窗口中。在拖放中插入的图形块,可用 ERASE 命令擦除。

实训十一　图形数据的查询与共享练习

练习1：目标列表命令练习。

打开配套教学素材中"上机实训用图\实训十一"目录下的"11-1.dwg"图形文件。

① 列出图中圆的数据结构描述信息。

② 列出矩形的数据结构描述信息。

练习2：坐标查询命令练习。

打开配套教学素材中"上机实训用图\实训十一"目录下的"11-2.dwg"图形文件。

① 图中圆心的坐标为(　　　　　)。

② 图中矩形左下角的坐标为(　　　　　)。

练习3：距离查询命令练习。

打开配套教学素材中"上机实训用图\实训十一"目录下的"11-3.dwg"图形文件。

①（a）图中两平行线间的距离为(　　　　　)。

②（b）图中点到直线的距离为(　　　　　)。

练习4：面积查询命令练习。

① 打开配套教学素材中"上机实训用图\实训十一"目录下的"11-4-1.dwg"图形文件,平面图形的面积为(　　　　　)。

② 打开配套教学素材中"上机实训用图\实训十一"目录下的"11-4-2.dwg"图形文件,平面图形的面积为(　　　　　)。

练习5：图形信息的剪切、复制与粘贴功能练习。

① 打开配套教学素材中"上机实训用图\实训十一"目录下的"11-5-1.dwg"和"11-5-2.dwg"图形文件,把"11-5-1.dwg"中的主视图复制到"11-5-2.dwg"中去。

② 打开配套教学素材中"上机实训用图\实训十一"目录下的"11-5-3.dwg"图形文件和"11-5.doc"Word 文件,把"11-5-3.dwg"中的图形复制到"11-5.doc"Word 文档中的指定位置。

练习6：AutoCAD 设计中心的激活练习。

① 启动 AutoCAD 2020。

② 练习用各种方式显示与关闭设计中心。

③ 练习弹出设计中心快捷菜单的操作。

练习7：AutoCAD 设计中心的浏览与装入练习。

① 启动 AutoCAD 2020,并激活设计中心。

② 练习树状图的显示与隐藏。

③ 使用树状图把配套教学素材中"上机实训用图\实训十一\虎钳零件图"目录下的"固定钳身.dwg"图形文件的内容(块表、层表、线型表、尺寸样式表、文字样式表等)装入内容区域。

④ 使用"加载"对话框把配套教学素材中"上机实训用图\实训十一\虎钳零件图"目录下的"活动钳身.dwg"图形文件的内容(块表、层表、线型表、尺寸样式表、文字样式表等)装入内容区域。

练习8：使用 AutoCAD 设计中心查找内容。

① 利用设计中心的"搜索"对话框查找配套教学素材中的"螺母 M10.dwg"图形文件。

② 利用设计中心的"搜索"对话框查找配套教学素材中的"粗糙度符号1"块定义。

③ 利用设计中心的"搜索"对话框查找配套教学素材中的"gb35"标注样式。

④ 利用设计中心的"搜索"对话框查找配套教学素材中的"工程斜体"文字样式。

练习9：使用 AutoCAD 设计中心打开图形。

① 用拖曳方式从设计中心打开配套教学素材中"上机实训用图\实训十一\卧式齿轮泵"目录下的图形文件。

② 用拖曳方式从搜索文件列表中打开搜索到的图形文件。

练习10：使用 AutoCAD 设计中心添加内容。

① 使用样板图"acadiso.dwt"建立一新图形文件。

② 把使用设计中心浏览或搜索到的图形或块添加到新图形文件中去。

③ 把使用设计中心浏览或搜索到的尺寸样式与文字样式复制到新图形文件中去。

④ 把使用设计中心浏览或搜索到的图层复制到新图形文件中去。

第十二章

三维实体造型

 主要学习目标

◆ 掌握 AutoCAD 2020 基本三维实体的建模方法和特征建模的方法。
◆ 掌握 AutoCAD 2020 实体模型的创建与编辑方法。
◆ 掌握 AutoCAD 2020 实体模型的观察与显示方法。

在机械设计中,常常需要绘制三维图形或实体模型。AutoCAD 2020 提供了较为完善的三维立体表达功能。合理运用其三维功能,能准确地表达、交流设计思想,提高设计效率,并能使看图人员快速而准确地把握部件的结构与设计意图。

第一节 三维建模基础知识

在学习三维建模之前,首先应了解一些三维模型的基础知识,其中包括用户坐标系、视点、动态观察、视觉样式等。

一、三维建模界面

在建立新图形文件时,如果以 acadiso3D.dwt 为样板图,则可以直接进入三维建模界面,如图 12-1 所示(若工作界面与图 12-1 不一样,可在界面右下角状态栏的"工作空间"列表中选择"三维建模"选项)。单击"快速访问"工具栏右侧的小箭头,从弹出的菜单中选择"显示菜单栏"或"隐藏菜单栏"命令,可显示(或隐藏)下拉菜单栏。

从三维建模工作界面可以看出,AutoCAD 2020 的三维建模界面除了有菜单浏览器、快速访问工具栏等外,许多地方和草图与注释的工作界面不同。

1. 坐标系图标

坐标系图标显示为三维图标,而且默认显示在当前坐标系的坐标原点位置,而不是显示在绘图窗口的左下角。执行"视图"→"显示"→"UCS 图标"命令,可以控制是否显示坐标系图标及其位置。当对图形进行某些操作后,如果坐标系图标或部分位于绘图窗口之外,此时 AutoCAD 会将其显示在绘图窗口的左下角。

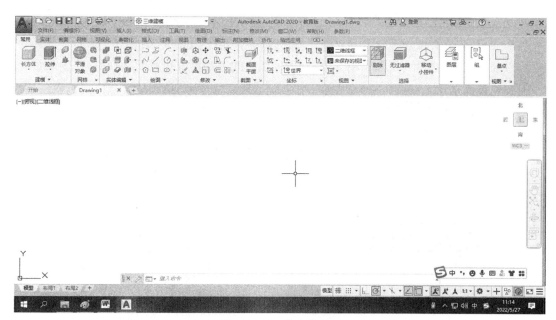

图 12-1　三维建模界面

2. 光标

在三维建模工作空间,光标显示出了 Z 轴。

3. ViewCube

ViewCube 是一种导航工具,用户可以利用它方便地将模型按不同的方向显示。

4. 功能区

功能区中有"常用""实体""曲面""网络"等多个选项卡,每个选项卡中又各有一些面板,每个面板上有一些对应的命令按钮。单击某一选项卡,可打开对应的面板。例如,"常用"选项卡及其面板上有"建模""网格""实体编辑""绘图"等组。利用功能区,可以方便地执行相应的命令。

对于有小黑三角的面板或按钮,单击三角图标后,可将面板或按钮展开。如图 12-2 所示为展开的"常用"选项卡中"建模"上"拉伸"按钮的下拉列表框,如图 12-3 所示为展开的"修改"面板。

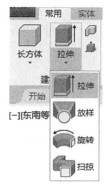

图 12-2　展开的"拉伸"列表框

图 12-3　展开的"修改"面板

二、用户坐标系

AutoCAD 有两种坐标系,一种称为世界坐标系(WCS)的固定坐标系;另一种称为用户坐标系(UCS)的可变坐标系。世界坐标系主要在绘制二维图形时使用,用户坐标系则是在创建三维模型时使用。合理地创建 UCS,会给三维建模带来很大的方便。

在 AutoCAD 2020 中,可以利用菜单、功能区面板或工具栏方便地创建 UCS。用于 UCS 操作的菜单、功能区及工具栏如图 12-4 所示。

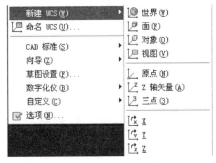
(a) 菜单(位于"工具"下拉菜单中)

(b) 功能区面板(位于"常用"选项卡中)

(c) UCS 工具栏　　　　　　　　　　(d) UCS Ⅱ 工具栏

图 12-4　用于 UCS 操作的菜单、功能区面板及工具栏

下面介绍几种创建 UCS 的常用方法。

1. 指定三点方式

指定三点创建 UCS 是最常用的方法之一,它根据 UCS 的原点及其 X 轴和 Y 轴的正方向上的点来创建新的 UCS。执行"工具"→"新建 UCS"→"三点"命令(或单击"常用"选项卡的"坐标"面板上的"三点"按钮,或单击"UCS"工具栏中的"三点"按钮),即可调用命令,AutoCAD 提示如下:

指定新原点 <0,0,0>:(指定新 UCS 的原点位置)

在正 X 轴范围上指定点:(指定新 UCS 的 X 轴正方向上的任一点)

在 UCS XY 平面的正 Y 轴范围上指定点:(指定新 UCS 的 Y 轴正方向上的任一点)

2. 平移方式

它是将原坐标系随同原点平移到某一新位置创建新 UCS 的方法。此方法得到的新 UCS 的各坐标轴方向与原 UCS 的坐标轴方向一致。执行"工具"→"新建 UCS"→"原点"命令(或单击"常用"选项卡的"坐标"面板上的"原点"按钮,或单击"UCS"工具栏中的"原点"按钮),即可调用命令,AutoCAD 提示如下:

指定新原点 <0,0,0>:

在此提示下,指定 UCS 的新原点位置,即可创建出新的 UCS。

3. 旋转方式

此方法是将原坐标系绕其一坐标轴旋转一定的角度来创建新的 UCS。执行"工具"→"新建 UCS"→"X"(或"Y""Z")命令(或单击功"常用"选项卡的"坐标"面板上的"旋转轴"按钮,或单击"UCS"工具栏中的"旋转轴"按钮),即可调用命令。如选择绕 Z 轴旋转,AutoCAD 提示如下:

指定绕 Z 轴的旋转角度:

在此提示下,输入一定的角度值并按回车键,即可创建新的 UCS。

4. 返回到前一个 UCS

单击"常用"选项卡的"坐标"面板上的"上一个"按钮（或单击"UCS"工具栏中的"上一个"按钮），即可返回到前一个 UCS。

5. 创建 *XY* 面与计算机屏幕平行的 UCS

在进行三维绘图时，当需要在当前视图进行文字标注时，一般应先创建这样的 UCS。执行"工具"→"新建 UCS"→"视图"命令（或单击"常用"选项卡的"坐标"面板上的"视图"按钮，或单击"UCS"工具栏中的"视图"按钮），即可调用命令。

6. 设置与对象对齐的方式

将用户坐标系与选定的对象对齐。执行"工具"→"新建 UCS"→"对象"命令（或单击"常用"选项卡的"坐标"面板上的"对象"按钮，或单击"UCS"工具栏中的"对象"按钮），即可调用命令。

7. 设置与面对齐的方式

将用户坐标系与三维实体上的面对齐。执行"工具"→"新建 UCS"→"面"命令（或单击"常用"选项卡的"坐标"面板上的"面"按钮，或单击"UCS"工具栏中的"面"按钮），即可调用命令。

8. 恢复到 WCS

将当前坐标系恢复到 WCS。执行"工具"→"新建 UCS"→"世界"命令（或单击"常用"选项卡的"坐标"面板上的"世界"按钮，或单击"UCS"工具栏中的"世界"按钮），即可调用命令。

三、视觉样式

在 AutoCAD 2020 中，通过视觉样式来控制三维模型的显示方式，三维模型可以根据需要以二维线框、三维隐藏、三维线框、概念或真实等视觉样式显示。

设置视觉样式的命令为 VSCURRENT，利用 AutoCAD 提供的视觉样式面板可以方便地设置视觉样式，如图 12-5 所示。单击"常用"选项卡的"视图"面板上的展开按钮，可打开"视觉样式"面板。

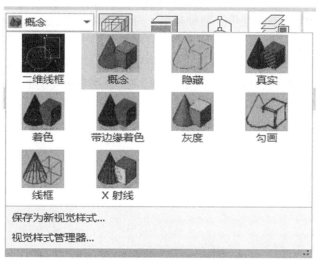

图 12-5　展开的"视觉样式"面板

如图 12-6 所示为常见的几种视觉显示样式的比较。

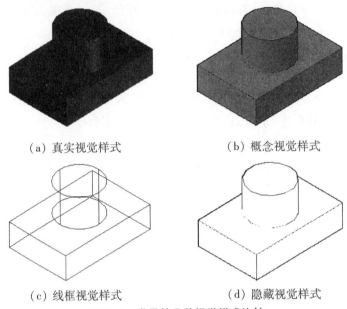

(a) 真实视觉样式　　(b) 概念视觉样式

(c) 线框视觉样式　　(d) 隐藏视觉样式

图 12-6　常见的几种视觉样式比较

四、视点

视点是指观察图形的方向。在三维空间中使用不同的视点来观察图形，会得到不同的效果。如图 12-7 所示为在三维空间不同视点处观察到的三维物体的效果。

图 12-7　在不同视点处观察三维物体的效果比较

在 AutoCAD 2020 中，系统提供了两种视点：一种称为标准视点，另一种称为自定义视点。

1. 标准视点

标准视点是系统为用户定义的视点，共有俯视、仰视、左视、右视、前视、后视、西南等轴测、东南等轴测、东北等轴测和西北等轴测 10 种。使用绘图窗口左上角的 ViewCube 与菜单栏上的"视图"→"三维视图"命令，可方便地切换标准视点，如图 12-8 所示。

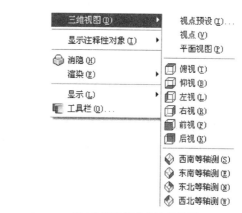

（a）ViewCube　　　　　　（b）"标准视点"的菜单栏

图 12-8　"三维视图"标准视点

2. 自定义视点

自定义视点是用户自己设置的视点，使用自定义视点可以精确地设置观察图形的方向。在 AutoCAD 2020 中，设置自定义视点的方法有如下几种。

（1）使用"视点预设"命令

其命令的调用方法有以下两种。

◆ 键盘输入：DDVPOINT。

◆ "视图"菜单：执行"视图"→"三维视图"→"视点预设"命令。

调用命令后，弹出"视点预设"对话框，如图 12-9 所示。

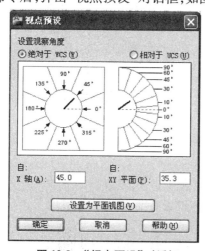

图 12-9　"视点预设"对话框

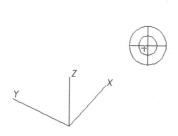

图 12-10　指南针和三轴架

该对话框中各选项的功能说明如下。

① "绝对于"和"相对于"单选按钮：用于选择视点所用的坐标系。

② X 轴：视线在 XY 平面上的投影与 X 轴正方向的夹角。可在左边图形中单击所需角度，也可在其后的文本框内输入角度值。

③ XY 平面：视线与 XY 平面的夹角。可在右边图形中单击所需角度，也可在其后的文本框内输入角度值。

④ "设置为平面视图"按钮：表示设置视线与 XY 平面垂直，即视线与 XY 平面的夹角为 90°。

（2）设置视点

其命令的调用方法有以下两种。

◆ 键盘输入：VPOINT。

◆ "视图"菜单：执行"视图"→"三维视图"→"视点"命令。

命令调用后，弹出用于指定"视点"的"指南针和三轴架"，如图 12-10 所示。拖动鼠标移动光标，坐标系图标也随之变换方向。如果十字光标位于小圆之内，则视点落在 Z 轴正方向上；如果十字光标位于小圆与大圆之间，则视点落在 Z 轴负方向上。当十字光标处于适当位置时，单击鼠标左键即可确定视点位置。

第二节　生成三维实体的基本方法

在 AutoCAD 2020 中，系统提供了多种基本三维实体的创建命令，利用这些命令，用户可以方便地创建多段体、长方体、圆柱体、球体、楔形体、圆锥体、圆环体和棱锥体等基本三维实体；另外，系统还设计了拉伸、旋转、扫掠、放样等特征建模的命令，为更加快捷地创建复杂模型提供了条件。

一、创建基本三维实体

1. 多段体

其命令的调用方法有以下两种。

◆ 键盘输入：POLYSOLID。

◆ "常用"选项卡：单击"常用"选项卡的"建模"面板上的"多段体"按钮 。

调用命令后，系统提示为：

命令：_polysolid 高度 = 4.0000，宽度 = 0.2500，对正 = 居中

指定起点或 [对象(O)/高度(H)/宽度(W)/对正(J)] <对象>：（指定多段线的起点）

指定下一个点或 [圆弧(A)/放弃(U)]

各选项的功能说明如下。

① 对象(O)：选择此选项，可以将二维图形转化为多段体。

② 高度(H)：选择此选项，可为绘制的多段体设置高度。

③ 宽度(W)：选择此选项，可为绘制的多段体设置宽度。

④ 对正(J)：选择此选项，可为绘制的多段体设置对正方式，系统默认为居中方式，用户要根据绘图需要设置为左对正或右对正。

⑤ 圆弧(A)：选择此选项，可绘制圆多段体。

【例 12-1】　绘制如图 12-11 所示的多段体。

绘图步骤如下：

① 执行"视图"→"三维视图"→"俯视"命令。

② 输入"多段体"命令。

③ 使用"高度"与"宽度"选项设置"多段体"的高度与宽度分别为 10，2。

④ 指定多段体的起点。

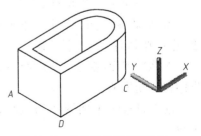

图 12-11　"多段体绘制"举例

⑤ 根据提示指定多段体的下一点,按相应尺寸绘制直线与圆弧形成多段体的底面图形(其中 AB、CD 长度为 15,BC 弧直径为 10)。

⑥ 执行"视图"→"三维视图"→"西南等轴测"命令,并将显示方式设置为"隐藏",结果如图 12-11 所示。

2. 长方体

其命令的调用方法有以下两种。

◆ 键盘输入:BOX。

◆ "常用"选项卡:单击"常用"选项卡的"建模"面板上的"长方体"按钮 。

调用命令后,系统提示为:

命令:_box

指定第一个角点或[中心点(C)]:(指定长方体底面的第一个角点)

指定其他角点或[立方体(C)/长度(L)]:(指定长方体底面的第二个角点)

指定高度或[两点(2P)]:(输入长方体的高度)

各选项的功能说明如下。

① 中心点(C):选择此选项,指定底面的中心点创建长方体。

② 立方体(C):选择此选项,创建一个长、宽、高相等的立方体。

③ 长度(L):选择此选项,按照指定的长、宽、高创建长方体。

④ 两点(2P):选择此选项,指定两点创建长方体。

【例 12-2】 绘制一个长、宽、高分别为 80,60,40 的长方体。

绘图步骤如下:

① 执行"视图"→"三维视图"→"俯视"命令。

② 输入"长方体"命令,并在"指定第一个角点或[中心点(C)]:"提示下输入坐标(0,0),即以原点作为第一角点绘制长方体。

③ 在"指定其他角点或[立方体(C)/长度(L)]:"提示下输入"L",即选择给定长、宽、高绘制长方体。

④ 在"指定长度:"提示下使用光标引导沿 X 轴方向从键盘输入长度 80。

⑤ 在"指定宽度:"提示下使用光标引导沿 Y 轴方向从键盘输入宽度 60。

⑥ 在"指定高度或[两点(2P)]:"提示下从键盘输入高度 40。

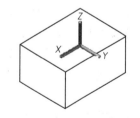

图 12-12 "长方体绘制"举例

⑦ 执行"视图"→"三维视图"→"西南等轴测"命令,并将显示方式设置为"隐藏",结果如图 12-12 所示。

3. 圆柱体

其命令的输入方式有以下两种。

◆ 键盘输入:CYLINDER 或 CYL。

◆ "常用"选项卡:单击"常用"选项卡的"建模"面板上的"圆柱体"按钮 。

调用命令后,系统提示为:

命令:_cylinder

指定底面的中心点或［三点(3P)/两点(2P)/切点、切点、半径(T)/椭圆(E)］：（指定圆柱体底面中心点）

指定底面半径或［直径(D)］<40.0000>：（输入圆柱体的底面圆半径）

指定高度或［两点(2P)/轴端点(A)］<30.0000>：（输入圆柱体的高度）

各选项的功能说明如下。

① 三点(3P)、两点(2P)：选择此选项,分别指定三点、两点来确定圆柱体的底面。

② 切点、切点、半径（T）：选择此选项,通过指定两个相切的对象和半径来确定圆柱体的底面,如图12-13(b)所示。

③ 椭圆(E)：选择此选项,创建具有椭圆底面的柱体。

④ 两点(2P)：指定高度提示中,该选项为指定两点确定圆柱体的高。

⑤ 轴端点(A)：指定高度提示中,该选项为指定圆柱体轴的端点位置。

如图12-13所示为绘制的圆柱体（显示方式设置为"隐藏"）。

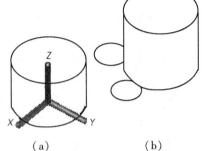

(a)　　　　　(b)

图12-13　"圆柱体绘制"举例

4. 圆锥体

其命令的调用方法有以下两种。

◆ 键盘输入：CONE。

◆ "常用"选项卡：单击"常用"选项卡的"建模"面板上的"圆锥体"按钮 ⚠ 。

调用命令后,系统提示为：

命令：_cone

指定底面的中心点或［三点(3P)/两点(2P)/切点、切点、半径(T)/椭圆(E)］：（指定圆锥体底面中心点）

指定底面半径或［直径(D)］<50.0000>：（输入圆锥体的底面圆半径）

指定高度或［两点(2P)/轴端点(A)/顶面半径(T)］<120.0000>：（输入圆锥体的高度）

如图12-14所示为绘制的圆锥体（显示方式设置为"概念"）。

各选项的功能说明如下。

① 三点(3P)、两点(2P)：选择此选项,分别指定三点、两点来确定圆锥体的底面。

② 切点、切点、半径（T）：选择此选项,通过指定两个相切的对象和半径来确定圆锥体的底面。

③ 椭圆(E)：选择此选项,创建具有椭圆底面的圆锥体。

④ 两点(2P)：指定高度提示中,该选项为指定两点确定圆锥体的高。

⑤ 轴端点(A)：指定高度提示中,该选项为指定圆锥体轴的端点位置。

⑥ 顶面半径(T)：指定高度提示中,该选项为指定圆锥台顶面圆的半径,如图12-14(b)所示。

(a)   (b)

图 12-14 "圆锥体绘制"举例

5. 球体

其命令的调用方法有以下两种。

◆ 键盘输入：SPHERE。

◆ "常用"选项卡：单击"常用"选项卡中"建模"面板上的"球体"按钮 。

命令输入后，系统提示为：

命令：_sphere

指定中心点或 [三点(3P)/两点(2P)/切点、切点、半径(T)]：(指定球体的球点位置)

指定半径或 [直径(D)] <60.0000>：(输入球体的半径或直径)

6. 棱锥体

其命令的输入方式有以下两种。

◆ 键盘输入：PYRAMID。

◆ "常用"选项卡：单击"常用"选项卡的"建模"面板上的"棱锥体"按钮 。

调用命令后，系统提示为：

命令：_pyramid

4个侧面 外切

指定底面的中心点或 [边(E)/侧面(S)]：S↙(选择指定侧面数选项)

输入侧面数 <4>：6↙(输入棱锥侧面数为6，即绘制六棱锥)

指定底面的中心点或 [边(E)/侧面(S)]：(指定棱锥体底面中心点)

指定底面半径或 [内接(I)] <60.0000>：50↙(输入棱锥体的底面内切圆半径为50)

指定高度或 [两点(2P)/轴端点(A)/顶面半径(T)] <90.0000>：120↙(输入棱锥体的高度为120)

如图12-15(a)所示为绘制的棱锥体(显示方式设置为"概念")。

各选项的功能说明如下。

① 边(E)：选择此选项，用于指定边长的方式来确定棱锥体的底面。

② 侧面(S)：选择此选项，用于指定棱锥体的侧面数。

③ 内接(I)：选择此选项，用于指定底面外接圆半径的方式绘制棱锥体底面。

④ 两点(2P)：指定高度提示中，该选项为指定两点确定棱锥体的高。

⑤ 轴端点(A)：指定高度提示中，该选项为指定棱锥体轴的端点位置。

⑥ 顶面半径(T)：指定高度提示中，该选项为指定棱锥台顶面内切圆的半径，如图12-15(b)所示。

(a)   (b)

图 12-15 "棱锥体绘制"举例

7. 楔体

其命令的调用方法有以下两种。

◆ 键盘输入：WEDGE。

◆ "常用"选项卡：单击"常用"选项卡的"建模"面板上的"楔体"按钮 。

调用命令后，系统提示为：

命令：_wedge

指定第一个角点或 [中心点(C)]：(指定楔体底面的第一个角点)

指定其他角点或 [立方体(C)/长度(L)]：(指定楔体底面的第二个角点)

指定高度或 [两点(2P)] <60.0000>：(输入楔体的高度)

各选项功能与长方体相同。如图 12-16 所示为所绘制的楔体(显示方式设置为"概念")。

8. 圆环体

其命令的调用方法有以下两种。

◆ 键盘输入：TORUS。

◆ "常用"选项卡：单击"常用"选项卡的"建模"面板上的"圆环体"按钮 。

调用命令后，系统提示为：

命令：_torus

指定中心点或 [三点(3P)/两点(2P)/切点、切点、半径(T)]：(指定圆环体的中心点位置)

指定半径或 [直径(D)] <57.7350>：30↙(输入圆环体的半径或直径)

指定圆管半径或 [两点(2P)/直径(D)]：6↙(输入圆管的半径或直径)

如图 12-17 所示为所绘制的圆环体(显示方式设置为"概念")。

图 12-16 "楔体绘制"举例   图 12-17 "圆环体绘制"举例

二、用特征建模创建三维实体

在 AutoCAD 2020 中，除了用以上方法创建基本三维实体外，还可以通过二维对象的拉伸、旋转、扫掠、放样等方式创建三维实体。

1. 创建面域与边界

面域是具有物理特性(如形心或质心)的二维封闭区域,它由若干个对象围成的封闭的环来创建,这些对象可以是直线、圆弧、多段线、样条曲线等。

(1)"面域"命令

"面域"命令的调用方法有以下两种。

◆ 键盘输入:REGION。

◆ "绘图"菜单:单击"绘图"→"面域"命令按钮 。

调用命令后,系统提示为:

命令:_region

选择对象:(选择围成封闭区域的各对象后,按回车键后,即把该封闭区域转化为面域)。

(2)"边界"命令

"边界"命令可以把一封闭区域沿边界生成一条封闭的多段线或一面域。

"边界"命令的调用方法有以下两种。

◆ 键盘输入:BOUNDARY 或 BO。

◆ "绘图"菜单:单击"绘图"→"边界"命令按钮 。

调用命令后,弹出如图 12-18 所示的对话框,在"对象类型"下拉列表框中可选择生成"多段线"或"面域",单击"拾取点"按钮 ,系统提示为:

拾取内部点:(在封闭区域内拾取一点,则可根据类型选择生成多段线或面域)

图 12-18 "边界创建"对话框

2. 创建拉伸特征

拉伸特征是指通过将二维封闭对象按指定的高度或路径拉伸生成三维实体(或三维面)。如图 12-19(c)所示为多段线或面域经拉伸生成的三维实体;如图 12-19(e)所示为由直线和圆弧围成的封闭线框经拉伸生成的三维面。

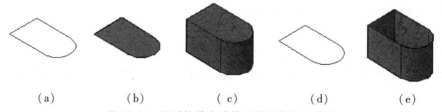

(a)　　　　　(b)　　　　　(c)　　　　　(d)　　　　　(e)

图 12-19 通过拉伸生成的三维实体与三维面

"拉伸"命令的调用方法有以下三种。

◆ 键盘输入:EXTRUDE 或 EXT。

◆ "绘图"菜单:单击"绘图"→"建模"面板上的"拉伸"命令按钮 。

◆ 功能区"常用"面板:单击"常用"选项卡的"建模"面板上的"拉伸"按钮 。

调用命令后,系统提示为:

命令:_extrude

当前线框密度:ISOLINES = 4,闭合轮廓创建模式 = 实体

选择要拉伸的对象或 [模式(MO)]:_MO 闭合轮廓创建模式 [实体(SO)/曲面(SU)]

<实体>: _SO
选择要拉伸的对象或 [模式(MO)]:(选择用于拉伸的二维对象)
选择要拉伸的对象或 [模式(MO)]: ↙(按回车键结束二维对象选择)
指定拉伸的高度或 [方向(D)/路径(P)/倾斜角(T)/表达式(E)] <60>:(指定拉伸的高度)

各选项的功能说明如下。

① 方向(D):选择此选项,用于指定两个点来确定拉伸的高度与方向。

② 路径(P):选择此选项,将按选定对象的走向进行拉伸。

③ 倾斜角(T):选择此选项,要求输入拉伸对象时倾斜的角度。即如果拉伸倾斜角为"0"时,则把二维对象按指定高度拉伸为柱体;如为某一角度值,则拉伸方向按此角度倾斜。

【例 12-3】 用拉伸特征创建如图 12-20(c)所示的三维实体。

建模步骤如下:

① 绘制拉伸对象——小圆。

设置标准视点为"东南等轴测",在 XY 坐标面上以(0,0)为中心绘制半径为10的小圆,如图 12-20(a)所示。

② 绘制拉伸路径——多段线。

输入"3DPOLY"命令,AutoCAD 提示:

命令:_3dpoly
指定多段线的起点:0,0
指定直线的端点或 [放弃(U)]:80 ↙(光标极轴追踪 Z 轴方向)
指定直线的端点或 [放弃(U)]:40 ↙(光标极轴追踪 X 轴方向)
指定直线的端点或 [闭合(C)/放弃(U)]:40 ↙(光标极轴追踪 Y 轴方向)
指定直线的端点或 [闭合(C)/放弃(U)]:

绘图结果如图 12-20(b)所示。

③ 创建拉伸特征。

输入"EXTRUDE"命令,AutoCAD 提示:

命令:_extrude
框密度:ISOLINES=4,闭合轮廓创建模式 = 实体
选择要拉伸的对象或 [模式(MO)]:_MO 闭合轮廓创建模式 [实体(SO)/曲面(SU)]
<实体>: _SO
选择要拉伸的对象或 [模式(MO)]:(选择小圆)找到 1 个。
选择要拉伸的对象或 [模式(MO)]: ↙
指定拉伸的高度或 [方向(D)/路径(P)/倾斜角(T)/表达式(E)] <3.0047>:P ↙
选择拉伸路径或 [倾斜角(T)]:(选择三维多段线)

绘图结果如图 12-20(c)所示。

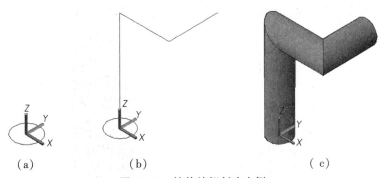

图 12-20 拉伸特征创建实例

3. 创建旋转特征

旋转特征是指将二维封闭对象绕指定轴旋转生成三维实体,如图 12-21(b)所示。

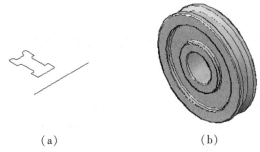

图 12-21 通过旋转生成的三维实体

"旋转"命令的输入方式有以下三种。

◆ 键盘输入:REVOLVE 或 REV。

◆ "绘图"菜单:单击"绘图"菜单中"建模"面板上的"旋转"命令按钮 。

◆ "常用"选项卡:单击"常用"选项卡的"建模"面板上的"旋转"按钮 。

调用命令后,系统提示为:

命令:_revolve
当前线框密度: ISOLINES=4,闭合轮廓创建模式 = 实体
选择要旋转的对象或 [模式(MO)]:_MO 闭合轮廓创建模式 [实体(SO)/曲面(SU)]
　　<实体>:_SO
选择要旋转的对象或 [模式(MO)]:(选择旋转的二维对象)找到 1 个。
选择要旋转的对象或 [模式(MO)]:✓(按回车键结束二维对象选择)
指定轴起点或根据以下选项之一定义轴 [对象(O)/X/Y/Z] <对象>:O✓
选择对象:(指定旋转轴)
指定旋转角度或 [起点角度(ST)/反转(R)/表达式(EX)] <360>:✓(输入旋转角度)

各选项的功能说明如下。

① 对象(O):选择此选项,用于指定一条直线或多段线作为旋转轴。
② X:选择此选项,使用当前 UCS 的正向 X 轴作旋转轴的正方向。
③ Y:选择此选项,使用当前 UCS 的正向 Y 轴作旋转轴的正方向。
④ Z:选择此选项,使用当前 UCS 的正向 Z 轴作旋转轴的正方向。

4. 创建扫掠特征

扫掠特征是指将二维对象沿指定路径扫描形成三维实体或三维曲面。当扫掠对象为封

闭平面曲线时,生成三维实体;否则,生成三维曲面,如图12-22所示。

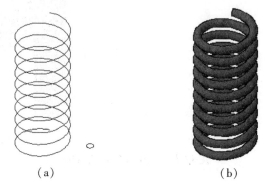

图 12-22 通过旋转生成的三维实体

"扫掠"命令的调用方法有以下两种。

◆ 键盘输入:SWEEP。

◆ "常用"选项卡:单击"常用"选项卡的"建模"面板上的"扫掠"按钮 。

命令调用后,系统提示为:

命令:_sweep

当前线框密度:ISOLINES =4,闭合轮廓创建模式 = 实体

选择要扫掠的对象或[模式(MO)]:_MO 闭合轮廓创建模式 [实体(SO)/曲面(SU)]
  <实体>:_SO

选择要扫掠的对象或[模式(MO)]:(选择用于扫掠的对象)找到 1 个。

选择要扫掠的对象或[模式(MO)]:↙(按回车键结束对象选择)

选择扫掠路径或[对齐(A)/基点(B)/比例(S)/扭曲(T)]:(选择扫掠的路径)

各选项的功能说明如下。

① 对齐(A):选择此选项,确定是否对齐垂直于路径的扫掠对象,默认是垂直的。

② 基点(B):选择此选项,指定扫掠的基点。

③ 比例(S):选择此选项,指定扫掠的比例因子。

④ 扭曲(T):选择此选项,指定扫掠的扭曲度。

5. 创建放样特征

放样特征是指将空间若干个二维对象放样生成三维实体或三维面,如图12-23所示。

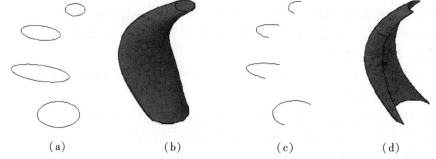

图 12-23 通过放样生成的三维实体与三维面

放样命令的调用方法有以下两种。

◆ 键盘输入:LOFT。

◆ "常用"选项卡:单击"常用"选项卡的"建模"面板上的"放样"按钮 。

调用命令后,系统提示为:

命令:_loft

当前线框密度:ISOLINES = 4,闭合轮廓创建模式 = 实体

按放样次序选择横截面或 [点(PO)/合并多条边(J)/模式(MO)]:_MO

闭合轮廓创建模式 [实体(SO)/曲面(SU)] <实体>:_SO

按放样次序选择横截面或 [点(PO)/合并多条边(J)/模式(MO)]:(选择用于放样的横截面)找到 1 个。

按放样次序选择横截面或 [点(PO)/合并多条边(J)/模式(MO)]:↙(此提示重复出现,选择下一个放样的横截面,选择结束后按回车键结束对象选择)

输入选项 [导向(G)/路径(P)/仅横截面(C)/设置(S)] <仅横截面>:(按回车键以选定的放样横截面生成三维实体)

各选项功能说明如下。

① 导向(G):选择此选项,指定放样的导向曲线。

② 路径(P):选择此选项,指定放样的路径。

③ 仅横截面(C):选择此选项,按所选择的横截面放样。

④ 设置(S):选择此选项,弹出如图 12-24 所示的"放样设置"对话框,在该对话框中可以设置放样截面上的曲面控制参数。

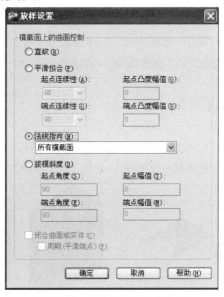

图 12-24 "放样设置"对话框

第三节 复杂三维实体的创建与编辑

AutoCAD 生成的三维实体模型具有实体的特征。在三维实体的造型与编辑中,可以对它们进行布尔运算及钻孔、挖槽、倒角等操作;在机械设计中,还可以计算模型的质量、体积、惯性矩,以及进行强度、稳定性、有限元分析;在机械制造中,还能够将实体模型的数据转换成

NC(数控加工)代码等。由此可见,应用 AutoCAD 进行三维实体建模,在现代机械设计与制造中是技术人员不可缺少的实践技能。

一、布尔运算

布尔运算是数学上的一种逻辑运算。用 AutoCAD 创建较为复杂的模型时,用户可以针对不同模型的实体特点,执行"并集""差集""交集"三种布尔运算,从而大大提高工作效率。

1. 并集运算

并集运算通过"加"操作合并选定实体(或面域),即计算两个或多个实体总体积(或面域的总面积),生成新的实体(或面域),如图 12-25 所示。

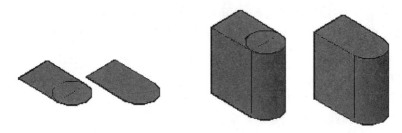

（a）面域的并集运算　　　（b）实体的并集运算

图 12-25　并集运算

并集运算命令的调用方法有以下三种。

◆ 键盘输入:UNION 或 UNI。

◆ "常用"选项卡:单击"常用"选项卡的"实体编辑"面板上的"并集"按钮。

◆ "修改"菜单:执行"修改"→"实体编辑"→"并集"命令。

调用命令后,系统提示为:

选择对象:(依次选取合并对象)

2. 差集运算

差集运算通过"差"操作合并选定实体(或面域),即从第一个选择集中的对象中减去第二个选择集中的对象,生成新的实体(或面域),如图 12-26 所示。

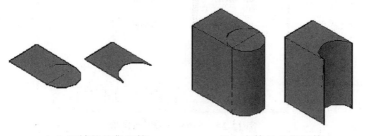

（a）面域的差集运算　　　（b）实体的差集运算

图 12-26　差集运算

差集运算命令的调用方法有以下三种。

◆ 键盘输入:SUBTRACT 或 SU。

◆ "常用"选项卡:单击"常用"选项卡的"实体编辑"面板上的"差集"按钮。

◆ "修改"菜单:执行"修改"→"实体编辑"→"差集"命令。

调用命令后,系统提示为:

命令:_subtract 选择要从中减去的实体、曲面和面域…

选择对象:找到 1 个(选择要从中减去的对象)

选择对象:(可重复选择多个从中减去的对象,按回车键结束选择)

选择要减去的实体、曲面和面域...

选择对象:找到 1 个(选择要减去的对象)

选择对象:(可重复选择多个要减去的对象,按回车键结束选择)

3. **交集运算**

交集运算通过"减"操作合并选定实体(或面域),即裁减出两个或多个实体(或面域)的共有部分,生成新的实体(或面域),如图12-27 所示。

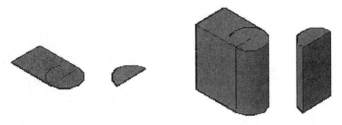

（a）面域的交集运算　　　　（b）实体的交集运算

图 12-27　交集运算

交集运算命令的调用方法有以下三种。

◆ 键盘输入:INTERSECT 或 IN。

◆ "常用"选项卡:单击"常用"选项卡的"实体编辑"面板上的"交集"按钮 ⃝⃝ 。

◆ "修改"菜单:执行"修改"→"实体编辑"→"交集"命令。

调用命令后,系统提示为:

命令:_intersect

选择对象:(依次选取合并对象)

二、三维实体的编辑

为使用户在创建复杂模型时提高工作效率,AutoCAD 2020 还设计了许多三维实体编辑命令,可以对实体的边进行倒角、圆角,还可以对实体的表面进行拉伸、移动、偏移、删除、旋转等操作。

1. **创建圆角**

为实体创建圆角,可以使用"圆角边"命令,命令的调用方法有以下三种。

◆ 键盘输入:FILLETEDGE。

◆ "实体"选项卡:单击"实体"选项卡的"实体编辑"面板上的"圆角边"按钮 。

◆ "修改"菜单:执行"修改"→"实体编辑"→"圆角边"命令。

调用命令后,系统提示为:

命令:_filletedge

半径 = 1.0000

选择边或 [链(C)/半径(R)]:R↙(选择修改倒角距离选项)

输入圆角半径或 [表达式(E)] <1.0000>:3↙(修改圆角半径为3)

选择边或 [链(C)/半径(R)]:(选择要倒圆角的边)

已选定1个边用于圆角。

按【Enter】键接受圆角或[半径(R)]：✓

三维圆角如图12-28(a)所示。

2. 创建倒角

为实体创建倒角，可以使用"倒角边"命令，命令的调用方法有以下三种。

◆ 键盘输入：CHAMFEREDGE。

◆ "实体"选项卡：单击"实体"选项卡的"实体编辑"面板上的"倒角边"按钮 。

◆ "修改"菜单：执行"修改"→"实体编辑"→"倒角边"命令。

调用命令后，系统提示为：

命令：_chamferedge 距离1 = 1.0000,距离2 = 1.0000

选择一条边或[环(L)/距离(D)]：D✓（选择修改倒角距离选项）

指定距离1或[表达式(E)] <1.0000>：3✓（修改第一倒角距离为3）

指定距离2或[表达式(E)] <1.0000>：3✓（修改第二倒角距离为3）

选择一条边或[环(L)/距离(D)]：（选择要倒角的边）

选择属于同一个面的边或[环(L)/距离(D)]：✓（按回车键结束选择）

按回车键接受倒角或[距离(D)]：✓

三维倒角如图12-28(b)所示。

(a) 三维圆角　　　　(b) 三维倒角

图12-28　三维实体的圆角、倒角

3. 编辑实体表面

在AutoCAD中，可以通过对实体表面的拉伸、移动、偏移、删除、旋转等操作，完成对实体的编辑。命令的调用方法有以下三种。

◆ 键盘输入：SOLIDEDIT。

◆ "常用"选项卡：单击"常用"选项卡的"实体编辑"面板上的按钮，弹出"实体编辑"工具栏，如图12-29(a)所示。

◆ "修改"菜单：在"修改"菜单的"实体编辑"子菜单中选择各命令选项，可进行相关编辑操作，如图12-29(b)所示。

(a)"实体编辑"工具栏　　　　(b)"实体编辑"子菜单

图 12-29　实体表面的编辑命令

【例 12-4】 打开配套教学素材中"课堂教学用图\第十二章\图 12-30.dwg"图形文件,对实体顶面进行拉伸编辑。

系统提示及操作如下:

命令:_solidedit

实体编辑自动检查: SOLIDCHECK = 1

输入实体编辑选项［面(F)/边(E)/体(B)/放弃(U)/退出(X)］＜退出＞:F✓(选择面编辑)

输入面编辑选项［拉伸(E)/移动(M)/旋转(R)/偏移(O)/倾斜(T)/删除(D)/复制(C)/颜色(L)/材质(A)/放弃(U)/退出(X)］＜退出＞:E✓(选择拉伸选项)

选择面或［放弃(U)/删除(R)］:(选择需要拉伸的表面)

选择面或［放弃(U)/删除(R)/全部(ALL)］:✓(按回车键结束选择)

指定拉伸高度或［路径(P)］:15✓

指定拉伸的倾斜角度 ＜0＞:✓

拉伸结果如图 12-30(b)所示。实体上表面的复制、移动、旋转、删除操作与拉伸近似,按照信息提示操作即可,其效果对比如图 12-30 所示。

(a)原图　　　　(b)顶面的拉伸　　　　(c)顶面的复制

　　(d) 顶面的移动　　　(e) 倒角与底板孔的删除　　(f) 顶面的旋转(20°)

图 12-30　三维实体表面编辑效果对比

三、三维操作

1. 三维移动

该命令的功能是将选定的实体在三维空间内任意移动。命令的调用方法有以下两种。

◆ 键盘输入:3DMOVE。

◆ "常用"选项卡:单击"常用"选项卡的"修改"面板上的"三维移动"按钮 ⬡ 。

调用命令后,系统提示为:

命令:_3dmove

选择对象:(选择要移动的实体)。

选择对象:✓(按回车键结束选择)

指定基点或 [位移(D)] <位移>:(指定移动基点)

指定第二个点或 <使用第一个点作为位移>:(指定移动目标点)

由此可见,三维移动命令的使用方法与二维移动命令相似。

2. 三维旋转

该命令的功能是将选定的实体绕着三维空间的 X、Y 或 Z 轴旋转任意角度。命令的调用方法有以下两种。

◆ 键盘输入:3DROTATE。

◆ "常用"选项卡:单击"常用"选项卡的"修改"面板上的"三维旋转"按钮 ⬢ 。

命令输入后,系统提示为:

命令:_3drotate

UCS 当前的正角方向: ANGDIR = 逆时针　ANGBASE = 0

选择对象:(选择要旋转的实体)

选择对象:✓(按回车键结束选择)

指定基点:(指定旋转基点。指定基点后,将在指定点显示旋转图标,如图 12-31(a)所示)

拾取旋转轴:(指定旋转轴)

指定角的起点或键入角度:(输入旋转角度)

在提示拾取旋转轴时,可将光标置于图 12-31(b)所示图标的某一椭圆上,该椭圆将以黄色显示,并显示与该椭圆所在平面垂直且通过图标中心的一条线,单击鼠标左键即选定了旋转轴。旋转轴为 X、Y、Z 轴,在拾取时其方向可与坐标系图标相对照,如图 12-31(c)所示。

 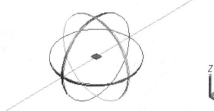

（a）三维旋转的图标　　　　（b）旋转轴的显示　　　　（c）坐标系图标

图 12-31　三维旋转

3. 三维镜像

该命令的功能是将选定的实体相对于某一平面进行镜像，如图 12-32 所示。命令的输入方式有以下两种。

◆ 键盘输入：MIRROR3D。
◆ "常用"选项卡：单击"常用"选项卡的"修改"面板上的"三维镜像"按钮 。

命令输入后，系统提示为：

命令：_mirror3d

选择对象：（选择要镜像的对象）

选择对象：✓（按【Enter】键结束选择）

指定镜像平面（三点）的第一个点或[对象(O)/最近的(L)/Z 轴(Z)/视图(V)/XY 平面(XY)/YZ 平面(YZ)/ZX 平面(ZX)/三点(3)]＜三点＞:（在镜像平面上指定第一个点）

在镜像平面上指定第二个点：（在镜像平面上指定第二个点）

在镜像平面上指定第三个点：（在镜像平面上指定第三个点）

是否删除源对象？[是(Y)/否(N)]＜否＞:✓

（a）镜像前　　　　　　　　　　　（b）镜像后

图 12-32　三维镜像

各选项的功能说明如下。

① 三点(3)：默认选项，通过三个点定义镜像平面。
② 对象(O)：选择此选项，通过指定选定对象所在平面作为镜像平面。
③ 最近的(L)：选择此选项，以最近一次定义的镜像平面作为当前镜像平面。
④ Z 轴(Z)：选择此选项，通过平面上一点和平面法线上的一个点来定义镜像平面。
⑤ 视图(V)：选择此选项，用与当前视图平面平行的平面作为镜像平面。
⑥ XY 平面（XY）、YZ 平面（YZ）、ZX 平面（ZX）：此三个选项分别表示以与当前 UCS 的 XY、YZ、XZ 平行的平面作为镜像平面。

4. 三维阵列

该命令的功能是将选定的实体在三维空间中以环形阵列或矩形阵列的方式进行复制。机械图中常用环形阵列方式获得盘盖类零件上的均布结构，如图 12-33 所示。

命令的输入方式有以下两种。

(a) 阵列前　　　　　　(b) 阵列后

图 12-33　三维阵列

◆ 键盘输入：3DARRAY。
◆ "常用"选项卡：单击"常用"选项卡的"修改"面板上的"三维阵列"按钮 。

调用命令后，系统提示为：

命令：_3darray

正在初始化… 已加载 3DARRAY

选择对象：（选择要阵列的对象）

选择对象：✓（按回车键结束选择）

输入阵列类型 [矩形(R)/环形(P)] <矩形>：P✓（选择环形阵列）

输入阵列中的项目数目：3✓（输入阵列数）

指定要填充的角度（+=逆时针，-=顺时针）<360>：✓（按回车键默认阵列总角度为360）

旋转阵列对象？[是(Y)/否(N)] <Y>：✓（阵列时是否旋转对象）

指定阵列的中心点：（指定阵列中心点）

指定旋转轴上的第二个点：（指定阵列旋转轴上的第二个点）

5. 三维实体的剖切

该命令的功能是用平面剖切实体并移去指定部分，从而获得新的实体，如图 12-34 所示。命令的调用方法有以下两种。

◆ 键盘输入：SLICE。
◆ "常用"选项卡：单击"常用"选项卡的"实体编辑"面板上的"剖切"按钮。

调用命令后，系统提示为：

命令：_slice

选择要剖切的对象：（选择要剖切的对象）

选择要剖切的对象：✓（按回车键结束选择）

指定切面的起点或 [平面对象(O)/曲面(S)/Z轴(Z)/视图(V)/XY(XY)/YZ(YZ)/ZX(ZX)/三点(3)] <三点>：3✓

指定平面上的第一个点：（在剖切平面上指定第一个点）

指定平面上的第二个点：（在剖切平面上指定第二个点）

指定平面上的第三个点：（在剖切平面上指定第三个点）

在所需的侧面上指定点或 [保留两个侧面(B)] <保留两个侧面>：（指定要保留的一侧实体）

(a) 剖切前　　　　　　　　　(b) 剖切后

图 12-34　三维实体的剖切

各选项的功能说明如下。

① 三点(3)：默认选项，通过三个点定义剖切平面。

② 平面对象(O)：选择此选项，通过指定选定对象所在平面作为剖切平面。

③ Z 轴(Z)：选择此选项，通过平面上一个点和平面法线上的一个点来定义剖切平面。

④ 视图(V)：选择此选项，用与当前视图平面平行的平面作为剖切平面。

⑤ XY(XY)、YZ(YZ)、ZX(ZX)：此三个选项分别表示以与当前 UCS 的 XY、YZ、XZ 平行的平面作为剖切平面。

⑥ 保留两个侧面(B)：选择此选项，剖切平面两侧的实体均保留，即实体被剖切为两个实体。

6. 三维实体的对齐

该命令的功能是把一个实体按照指定位置对齐到另一个实体上，以便通过三维编辑获得新的实体，如图 12-35 所示。

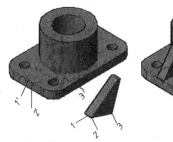 

(a) 对齐前　　　　　(b) 对齐后　　　　　(c) 镜像与合并后

图 12-35　三维实体的对齐

命令的调用方法有以下两种。

◆ 键盘输入：3DALIGN。

◆ "常用"选项卡：单击"常用"选项卡的"修改"面板上的"对齐"按钮 。

调用命令后，系统提示为：

命令：_3dalign

选择对象：(选择要对齐的对象)

选择对象：↙(按回车键结束选择)

指定源平面和方向...

指定基点或 [复制(C)]：(指定对象上对齐的基点)

指定第二个点或 [继续(C)] <C>：(指定对象上第二个源点)

指定第三个点或［继续(C)］<C>:(指定对象上第三个源点)
指定目标平面和方向...
指定第一个目标点:(指定另一对象上第一个目标点)
指定第二个目标点或［退出(X)］ <X>:(指定另一对象上第二个目标点)
指定第三个目标点或［退出(X)］ <X>(指定另一对象上第三个目标点)

四、复杂实体模型创建举例

【例 12-5】 按照如图 12-36 所示支座的视图,创建其实体模型。

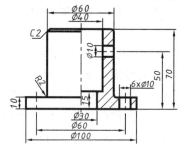

图 12-36 支座的视图

支座的建模的具体操作步骤如下:

① 创建新图形文件。

a. 启动 AutoCAD 2020,执行"新建"命令,以 acadiso3D.dwt 为样板文件建立一新图形文件。

b. 使用"保存"或"另存为"命令把图形赋名存盘(文件名如"支座 1.dwg")。

② 按照视图中尺寸,创建直径分别为 100,60,30,40 的圆柱体。

a. 输入"CYLINDER"命令,创建直径为 100、高为 10、底面中心点为(0,0,0)的圆柱体。

b. 重复"CYLINDER"命令,创建直径为 60、高为 70、底面中心点为(0,0,0)的圆柱体。

c. 重复"CYLINDER"命令,创建直径为 30、高为 15、底面中心点为(0,0,0)的圆柱体。

d. 重复"CYLINDER"命令,创建直径为 40、高为 55、底面中心点为(0,0,15)的圆柱体。

③ 对建立的四个圆柱体进行布尔操作。

a. 单击"常用"选项卡的"实体编辑"面板上的"并集"按钮 ⬤,对直径为 100,60 的两圆柱执行"并集"操作。

b. 单击"常用"选项卡的"实体编辑"面板上的"差集"按钮 ⬤,执行"差集"操作,从上一步骤创建的实体中减去直径分别为 30,40 的两圆柱体,如图 12-37(a)所示(西南等轴测、二维线框显示模式)。

④ 创建底板上六个直径均为 10 的圆柱孔。

a. 输入"CYLINDER"命令,创建直径为 10、高为 10、底面中心点为(40,0,0)的圆柱体。

b. 单击"常用"选项卡的"修改"面板上的"阵列"按钮 ⬤,执行"环形阵列"操作,创建六个直径均为 10 的圆柱体。

c. 单击"常用"选项卡的"实体编辑"面板上的"差集"按钮 ⬤,执行"差集"操作,从上一步骤创建的实体中减去六个直径均为 10 的圆柱体,如图 12-37(b)所示(西南等轴测、二维线框显示模式)。

⑤ 创建新 UCS 坐标系。

a. 执行"UCS"→"原点"命令,指定新原点为(0,0,50)。

b. 执行"UCS"→"Y"命令,指定坐标系绕 Y 轴旋转 90°,如图 12-37(c)所示(西南等轴测、二维线框显示模式)。

⑥ 创建上部直径为 10 的圆柱孔。

a. 输入"CYLINDER"命令,创建直径为 10、高为 60、底面中心点为(0,0,-30)的圆柱体。

b. 单击"常用"选项卡的"实体编辑"面板上的"差集"按钮 ⊙⊙,执行"差集"操作,从上一步骤创建的实体中减去直径为 10 的圆柱体,如图 12-37(d)所示(西南等轴测、二维线框显示模式)。

⑦ 创建倒角、圆角。

a. 执行"修改"→"实体编辑"→"圆角边"菜单命令,对实体作半径为 2 的倒圆角。

b. 执行"修改"→"实体编辑"→"倒角边"菜单命令,对实体作距离为 2 的倒角,建模结果如图 12-37(e)所示(西南等轴测、概念显示模式)。

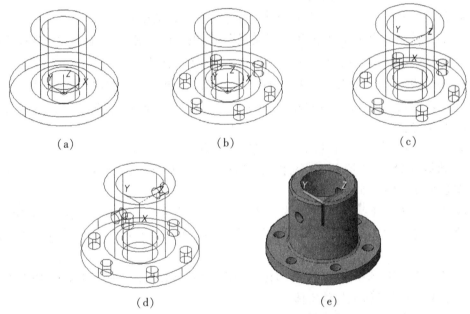

图 12-37 支座的建模步骤

【例 12-6】 按照如图 12-38 所示轴的视图,创建其实体模型。

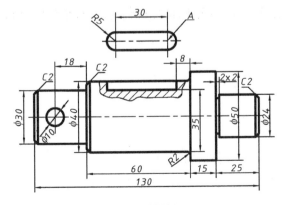

图 12-38 轴的视图

轴的建模的具体操作步骤如下：

① 创建新图形文件。

a. 启动 AutoCAD 2020，执行"新建"命令，以 acadiso3D.dwt 为样板文件建立一新图形文件。

b. 使用"保存"或"另存为"命令把图形赋名存盘（文件名如"小轴1.dwg"）。

② 创建轴的旋转体部分模型。

a. 按照视图中尺寸，绘制轴的纵截面轮廓（图中圆角与倒角也可不画，在生成实体后进行倒角、倒圆角），如图12-39所示（俯视、二维线框显示模式）。

b. 从"绘图"菜单中选择"面域"或"边界"命令按钮 ⊙ 或 ▯，把纵截面轮廓创建为一个面域（或一条多段线）。

c. 单击"常用"选项卡的"建模"面板上的"旋转"按钮 ⊜，执行"旋转"命令，由多段线生成轴的旋转体部分模型，如图12-39(b)所示（西南等轴测、二维线框显示模式）。

③ 创建左端直径为10的圆柱孔。

a. 执行"UCS"→"原点"命令，指定新原点为左端面的中心。

b. 展开并单击功能区的"常用"→"建模"→"圆柱体"按钮 ▯，执行"CYLINDER"命令，创建直径为10、高为30、底面中心点为(12,0,-15)的圆柱体。

c. 单击功能区的"常用"→"实体编辑"→"差集"按钮 ⊚，执行"差集"操作，从上一步骤创建的实体中减去直径为10的圆柱体，如图12-39(c)所示（西南等轴测、二维线框显示模式）。

④ 创建键槽。

a. 执行"视图"→"三维视图"→"前视"菜单命令。

b. 执行"UCS"→"原点"命令，指定新原点为左端面的中心；执行"UCS"→"原点"命令，指定新原点为(77,0,15)。

c. 以A点为基准点[UCS 坐标为(0,0,0)]，按尺寸绘制键槽草图并创建为面域（提示：可依次使用 CIRCLE、COPY、LINE、TRIM 和 REGION），如图12-39(d)所示（前视、二维线框显示模式）。

d. 单击"常用"选项卡的"建模"面板上的"拉伸"按钮 ▯，执行"EXTRUDE"命令，创建高度大于或等于5的键的拉伸实体。

e. 执行"视图"→"三维视图"→"西南等轴测"菜单命令。

f. 单击"常用"选项卡的"实体编辑"面板上的"差集"按钮 ⊚，执行"差集"操作，从上一步骤创建的实体中减去键的拉伸实体，即完成轴的建模，结果如图12-39(e)所示（西南等轴测、概念显示模式）。

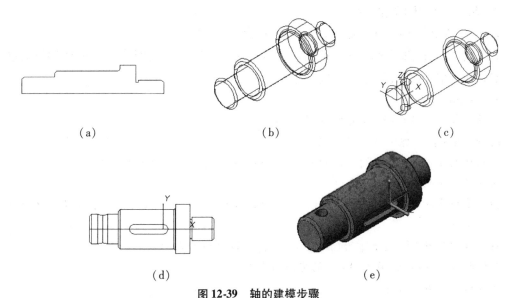

(a)　　　　　　　　(b)　　　　　　　　(c)

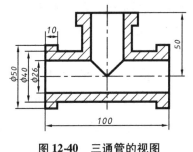

(d)　　　　　　　　(e)

图 12-39　轴的建模步骤

【例 12-7】　按照如图 12-40 所示三通管的视图，创建其实体模型。

图 12-40　三通管的视图

三通管的建模的具体操作步骤如下：

① 创建新图形文件。

a. 启动 AutoCAD 2020，执行"新建"命令，以 acadiso3D.dwt 为样板文件建立一新图形文件。

b. 使用"保存"或"另存为"命令把图形赋名存盘（文件名如"三通管 1.dwg"）。

② 创建三通管左边部分的旋转体模型。

a. 按照视图中尺寸，绘制三通管截面轮廓，如图 12-41（a）所示（俯视、二维线框显示模式）。

b. 从"绘图"菜单中选择"面域"或"边界"命令按钮 ⊙ 或 ⊡，把截面轮廓创建为一个面域（或一条多段线）。

c. 单击"常用"选项卡的"建模"面板中的"旋转"按钮 ⊜，执行"旋转"命令，由多段线生成旋转体模型，如图 12-41（b）所示（俯视、二维线框显示模式）。

③ 剖切已建立的三维实体。

a. 将极轴增量角设置为 45°，并打开极轴追踪。

b. 单击"常用"选项卡的"实体编辑"面板中的"剖切"按钮 ⊿，执行"剖切"操作，用两个 45°方向的剖切平面剖开实体（剖切时注意选择需保留或删除的部分实体），如图 12-41（c）所示（俯视、二维线框显示模式）。

④ 编辑三维实体完成建模。

a. 执行"UCS"→"原点"命令,指定新原点为三通管的中心。

b. 单击"常用"选项卡的"修改"面板中的"阵列"按钮 ,执行"环形阵列"操作,创建三个旋转体模型。命令提示及操作如下:

命令:_3darray

选择对象:(选择旋转体模型)找到 1 个。

选择对象:↙(按回车键结束选择)

输入阵列类型[矩形(R)/环形(P)]<矩形>:P↙(选择环形阵列)

输入阵列中的项目数目:3↙

指定要填充的角度(+=逆时针,-=顺时针)<360>:-180↙(输入阵列总角度为-180°)

旋转阵列对象?[是(Y)/否(N)]<Y>:↙(阵列时旋转对象)

指定阵列的中心点:0,0,0↙(指定阵列中心点)

正在检查 528 个交点...

指定旋转轴上的第二个点:0,0,1↙(指定阵列旋转轴上的第二个点)

c. 单击"常用"选项卡的"修改"面板中的"镜像"按钮 ,执行"镜像"操作,镜像复制剖切掉的部分实体(镜像平面与 YZ 平面平行),如图 12-41(d)所示(俯视、二维线框显示模式)。

d. 单击"常用"选项卡的"实体编辑"面板中的"并集"按钮 ,对各部分执行"并集"操作完成建模,结果如图 12-41(e)所示(西南等轴测、概念显示模式)。

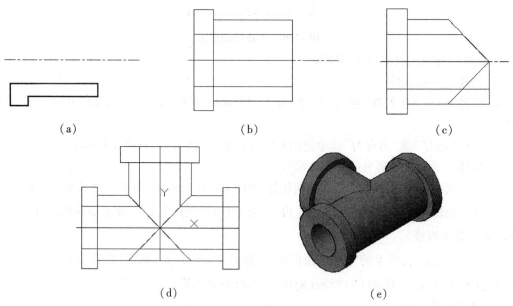

图 12-41 三通管的建模步骤

【例 12-8】 按照如图 12-42 所示支座的视图,创建其实体模型。

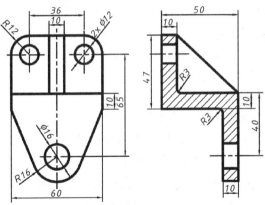

图 12-42 支座的视图

支座的建模的具体操作步骤如下:

① 创建新图形文件。

a. 启动 AutoCAD 2020,执行"新建"命令,以 acadiso3D.dwt 为样板文件建立一新图形文件。

b. 使用"保存"或"另存为"命令把图形赋名存盘(文件名如"支座 1.dwg")。

② 创建支座上部"L"形板的实体。

a. 执行"视图"→"三维视图"→"左视"命令。

b. 按照视图中尺寸,绘制上部"L"形板的截面轮廓,如图 12-43(a)所示(左视、二维线框显示模式)。

c. 从"绘图"菜单中选择"面域"或"边界"命令按钮 ◎ 或 ▯ ,把截面轮廓创建为一个面域(或一条多段线)。

d. 单击"常用"选项卡的"建模"面板上的"拉伸"按钮 ▮ ,执行"拉伸"命令,由多段线生成"L"形板的拉伸实体。

e. 执行"UCS"→"Y"命令,指定坐标系绕 Y 轴旋转 90°。

f. 输入"CYLINDER"命令,创建直径为 12、高为 10、底面中心点为(-12,35,0)的圆柱体。

g. 重复"CYLINDER"命令,创建直径为 12、高为 10、底面中心点为(-36,0,0)的圆柱体。

h. 单击"常用"选项卡的"实体编辑"面板上的"差集"按钮 ◎ ,执行"差集"操作,从"L"形板的拉伸实体中减去两圆柱体,如图 12-43(b)所示(西南等轴测、二维线框显示模式)。

③ 创建支座三角形肋板的实体模型。

a. 执行"视图"→"三维视图"→"西南等轴测"命令。

b. 执行"UCS"→"原点"命令,指定新原点为(10,10,25);执行"UCS"→"X"命令,指定坐标系 X 轴旋转 90°。

c. 输入"WEDGE"命令,创建长为 40、宽为 10、高为 -37、底面中心点为(0,0,0)的楔体。命令提示及操作如下:

命令:_wedge
指定第一个角点或 [中心(C)]:0,0,0↙

指定其他角点或[立方体(C)/长度(L)]：l↙
指定长度 <50.0000>：40↙
指定宽度 <20.0000>：10↙
指定高度或[两点(2P)] <60.0000>：-37↙
结果如图12-43(c)所示(二维线框显示模式)。

④ 创建下部连接板的实体模型。

a. 执行"视图"→"三维视图"→"前视"命令。

b. 执行"UCS"→"原点"命令，指定新原点为(0,0,50)。

c. 按照视图中尺寸，绘制下部连接板的外形轮廓。

d. 单击"绘图"菜单中的"面域"或"边界"命令按钮 ◎ 或 ▯，把所绘轮廓创建为一个面域(或一条多段线)，如图12-43(d)所示(二维线框显示模式)。

e. 单击"常用"选项卡的"建模"面板上的"拉伸"按钮 ▯，执行"拉伸"命令，由多段线生成连接板的拉伸实体，如图12-43(e)所示(西南等轴测、二维线框显示模式)。

⑤ 执行并集、差集操作，创建圆角完成建模。

a. 单击"常用"选项卡的"实体编辑"面板上的"并集"按钮 ◎，对"L"形板、肋板、连接板执行"并集"操作。

b. 单击"常用"选项卡的"实体编辑"面板上的"差集"按钮 ◎，执行"差集"操作，从上一步骤创建的实体中减去直径为16的圆柱体。

c. 执行"修改"→"实体编辑"→"圆角边"命令，对实体作半径为3,12的倒圆角，建模结果如图12-43(f)所示(西南等轴测、概念显示模式)。

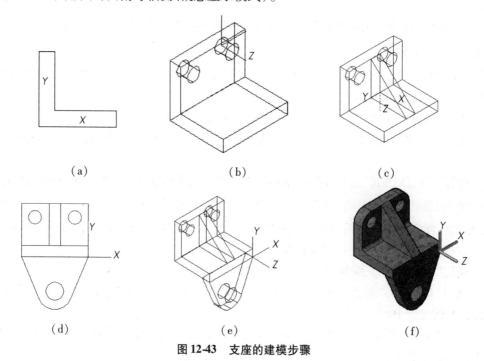

图12-43 支座的建模步骤

实训十二 三维实体的创建练习

练习1：视觉样式的改变与显示效果。

打开配套教学素材中"上机实训用图\实训十二"目录下的"12-1.dwg"图形文件,分别用二维线框、三维线框、真实、概念、消隐等视觉样式显示模型,并比较显示效果。

练习2：视点的改变与显示效果。

打开配套教学素材中"上机实训用图\实训十二"目录下的"12-2.dwg"图形文件。

① 切换俯视、前视、左视、西南等轴测、东北等轴测等标准视点方式显示模型,并比较显示效果。

② 用"视点预置"方式自定义视点显示模型,并观察显示效果。

③ 用"视点"方式自定义视点显示模型,并观察显示效果。

练习3：使用"UCS"命令新建用户坐标系。

打开配套教学素材中"上机实训用图\实训十二"目录下的"12-3.dwg"图形文件。

① 执行"视图"→"三维视图"→"前视"命令。

② 将用户坐标系原点移至轴左端面圆心。

③ 将用户坐标系原点移至点(47,0,15)。

④ 执行"视图"→"三维视图"→"西南等轴测"命令,观察用户坐标位置的变化。

⑤ 将用户坐标系原点再次移至轴左端面圆心。

⑥ 将用户坐标系绕 Y 轴旋转 $90°$,使 Z 轴与 $\phi10$ 小孔的轴线平行。

练习4：根据如图 12-44 至图 12-49 所示形体的轴测图创建其三维模型。

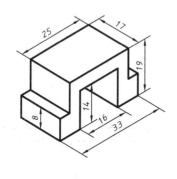

图 12-44 形体一

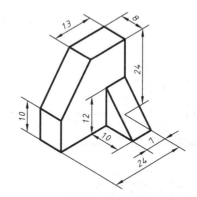

图 12-45 形体二

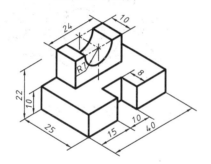

图 12-46 形体三

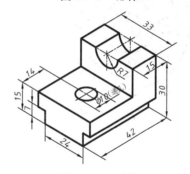

图 12-47 形体四

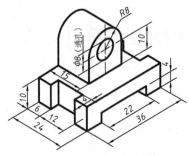
图 12-48 形体五

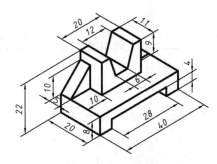
图 12-49 形体六

练习 5：根据如图 12-50 至图 12-55 所示形体的视图创建其三维模型。

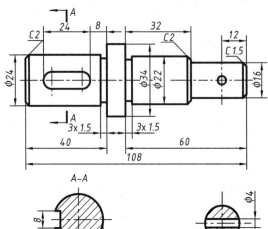
图 12-50 形体一

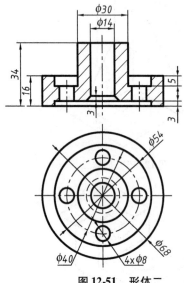
图 12-51 形体二

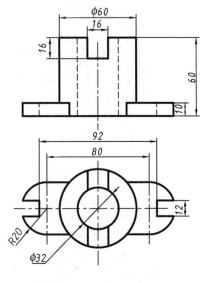
图 12-52 形体三

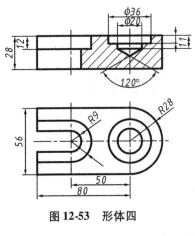

图 12-53 形体四

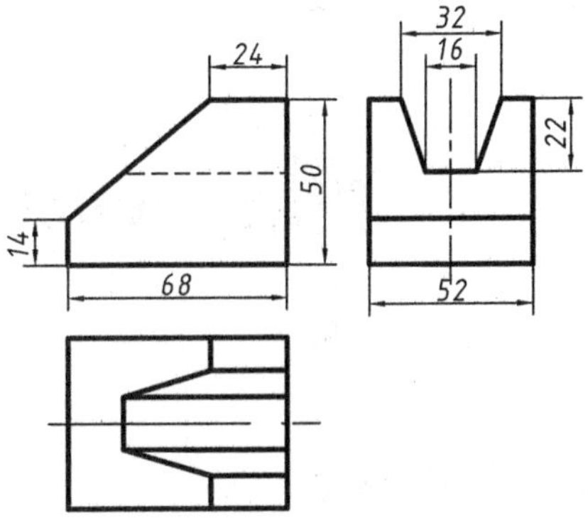

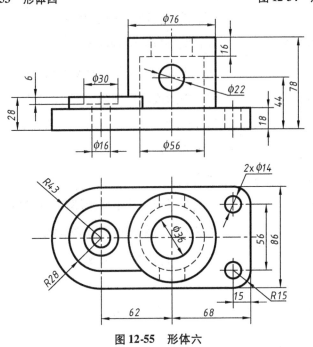

图 12-54 形体五

图 12-55 形体六

附录　AutoCAD 2020 常用命令

快捷名	命令全名	功　　能
A	ARC	创建圆弧
AA	AREA	计算指定区域的面积和周长
ADC	ADCENTER	打开"设计中心"选项板
AL	ALIGN	在二维或三维空间中将某对象与其他对象对齐
AR	ARRAY	创建矩形或环形阵列
ATT	ATTDEF	创建属性定义
ATTE	ATTEDIT	编辑块的属性
B	BLOCK	创建块
BH	BHATCH	使用图案填充或渐变来填充封闭区域或选定的对象
BO	BOUNDARY	从封闭区域创建面域或多段线
BR	BREAK	在两点间打断选定对象
C	CIRCLE	创建圆
CHA	CHAMFER	为对象的边加倒角
CO	COPY	复制对象
COL	COLOR	设置新对象的颜色
D	DIMSTYLE	创建和修改标注样式
DAL	DIMALIGNED	创建对齐线性标注
DAN	DIMANGULAR	创建角度标注
DBA	DIMBASELINE	创建基线标注
DCO	DIMCONTINUE	创建连续标注
DDI	DIMDIAMETER	创建圆或圆弧的直径标注
DED	DIMEDIT	编辑标注
DI	DIST	测量两点之间的距离和角度
DIV	DIVIDE	定数等分

命令	完整命令	说明
DLI	DIMLINEAR	创建线性尺寸标注
DO	DONUT	绘制填充的圆或环
DOR	DIMORDINATE	坐标点标注
DRA	DIMRADIUS	创建圆或圆弧的半径标注
DS、SE	DSETTINGS	打开"草图设置"对话框
E	ERASE	从图形中删除对象
ED	DDEDIT	编辑文字、标注文字、属性定义和特征控制框
EL	ELLIPSE	创建椭圆或椭圆弧
EX	EXTEND	延伸对象到另一对象
EXT	EXTRUDE	通过拉伸现有二维对象来创建三维实体
EXIT	QUIT	退出 AutoCAD
F	FILLET	给对象加圆角
H	HATCH	利用填充图案、实体填充或渐变填充来填充封闭区域或选定对象
HE	HATCHEDIT	修改现有的图案填充对象
HI	HIDE	重生成三维模型时不显示隐藏线
I	INSERT	将命名块或图形插入当前图形
INF	INTERFERE	采用两个或多个三维实体的共用部分创建三维复合实体
IN	INTERSECT	采用两个或多个实体或面域的交集创建复合实体或面域并删除交集以外的部分
L	LINE	创建直线段
LA	LAYER	管理图层和图层特性
LO	LAYOUT	创建新布局,重命名、复制、保存或删除现有布局
LEAD	LEADER	创建连接注释与特征的线
LEN	LENGTHEN	拉长对象
LT	LINETYPE	加载、设置和修改线型
LI、LS	LIST	显示选定对象的数据库信息
LTS	LTSCALE	设置线型比例因子
LW	LWEIGHT	设置当前线宽、线宽显示选项和线宽单位
M	MOVE	在指定方向上按指定距离移动对象
MA	MATCHPROP	特性匹配

ME	MEASURE	沿对象的长度或周长按测定间隔创建点对象或块
MI	MIRROR	创建对象的镜像副本
ML	MLINE	创建多线
MS	MSPACE	用于从图纸空间切换到浮动模型空间
MT、T	MTEXT	创建多行文字
MV	MVIEW	创建并控制布局视口
O	OFFSET	"偏移"命令,用于创建同心圆、平行线
OS	OSNAP	设置对象捕捉模式
OP	OPTIONS	选项显示设置
P	PAN	移动当前视口中显示的图形
PE	PEDIT	多线段编辑
PL	PLINE	创建二维多线段
PLOT	PRINT	将图形输入打印设备或文件
PO	POINT	创建点对象
POL	POLYGON	创建闭合的等边多段线
PRE	PREVIEW	打印预览
PS	PSPACE	用于从浮动模型空间切换到图纸空间
PR	PROPERTIES	显示对象特性
PU	PURGE	删除图形中未使用的项目
R	REDRAW	刷新当前视口中的显示
RE	REGEN	从当前视口重生成整个图形
REC	RECTANG	绘制矩形多段线
REN	PENAME	修改对象名称
RO	ROTATE	绕基点旋转对象
RR	RENDER	渲染对象
REA	REGENALL	重新生成图形并刷新所有视口
REG	REGION	将封闭区域的对象转换为面域
REV	REVOLVE	绕轴旋转二维对象以创建实体
S	STRETCH	拉伸与选择窗口或多边形交叉的对象
SC	SCALE	按比例放大或缩小对象
ST	STYLE	创建、修改或设置文字样式

SN	SNAP	规定光标按指定的间距移动
SU	SUBTRACT	采用差集运算创建组合面域或实体
SL	SLICE	剖切实体
SPL	SPLINE	绘制样条曲线
SPE	SPLINEDIT	编辑样条曲线或样条曲线拟合多段线
TO	TOOLBAR	显示、隐藏和自定义工具栏
TOL	TOLERANCE	创建形位公差标注
T	TEXT	创建单行文字对象
TOR	TORUS	创建圆环形三维实体
TR	TRIM	利用其他对象定义的剪切边修剪对象
TP	TOOLPALETTES	打开工具选项板
U	UNDO	取消上一个命令或上组命令的作用结果
UNI	UNION	通过并集运算创建组合面域或实体
UC	UCSMAN	管理已定义的用户坐标系
UNI	UNITS	控制坐标和角度的显示格式并确定精度
VP	DDVPOINT	预设视点
W	WBLOCK	将对象或块写入新的图形文件中
WE	WEDGE	创建楔体
X	EXPLOPE	将复合对象分解为部件对象
XA	XATTACH	将外部参照附着到当前图形
XL	XLINE	创建无限长直线（即构造线）
XP	XPLODE	将复合对象分解为其组件对象
Z	ZOOM	放大或缩小视图中对象的外观尺寸
3A	3DARRAY	创建三维阵列
3F	3DFACE	在三维空间中创建三侧面或四侧面的曲面
3DO	3DORBIT	在三维空间中动态查看对象
3P	3DPOLY	在三维空间中使用"连续"线型创建由直线段构成的多段线

参 考 文 献

[1] 陈国治,张嘉钰. AutoCAD 机械制图实训教程:2011 版[M]. 北京:清华大学出版社,2011.
[2] 康士廷,刘昌丽,王敏,等. AutoCAD 2010 快捷命令一册通[M]. 北京:电子工业出版社,2010.
[3] 安淑女,闫照粉. 机械制图[M]. 南京:南京大学出版社. 2016.
[4] 曾令宜. AutoCAD 2008 工程绘图技能训练教程:土建类[M]. 北京:高等教育出版社,2009.
[5] 闫照粉. AutoCAD 工程绘图实训教程:2016 版[M]. 苏州:苏州大学出版社,2017.
[6] 董祥国. AutoCAD 2020 应用教程[M]. 南京:东南大学出版社,2020.